しずおか
あの町この街いっぴん手帖

この本は、静岡新聞夕刊の連載「あの町この街いっぴん」（旧「街ブラいっぴん」）で、２００６年４月から２０１４年５月までに掲載した記事から１３０品を収録しました。

古くから地元で親しまれている味、地産地消の視点で生み出された一品、新名物として話題のグルメなど、どれも一度は味わってほしいものばかり。

あの町この街の名物を訪ねる小さな旅に、あなたも出かけてみませんか？

目次

静岡県
東部

静岡県 中部

愛知県 豊橋市

・掲載した商品価格、定休日等は2014年4月の再編集時のもので変更になる場合があります。
・価格は基本的に発行時の税込価格です。
・年末年始、GW、盆休みは省略しています。

静岡県

東部

熱海市
伊東市
東伊豆町
河津町
下田市
南伊豆町
松崎町
西伊豆町
伊豆市
伊豆の国市
函南町
三島市
清水町
長泉町
小山町
御殿場市
裾野市
沼津市
富士市
富士宮市

1個324円。お歳暮など贈答用にも喜ばれる

福寿柿

菓子舗間瀬

干し柿に黄みあんしっくり

熱海市南部の漁師町網代。古い町並みの目抜き通りに、1872（明治5）年創業の老舗「菓子舗間瀬」がある。

飴やせんべいから出発しアイスなど洋菓子も手掛けたが、1967年発売の銘菓「伊豆乃踊子」のヒットで和菓子専門店に転向した。同市中心部にも進出し、現在直営店を3店舗構える。

栗と小豆のきんつばや柚子にあんを詰めた柚風絲《ゆうふうし》、甘夏もちなど自然の素材をそのまま生かした「自然菓」にこだわっている。このジャンルに92年、「福寿柿」が加わった。岐阜産の市田柿を干し柿にして卵の黄身を加えたあんを詰める。柿をふっくらと膨らませた後、羊かんを上掛けし、米粉をまぶす。干し柿そのものの形をイメージした出来栄えを追求した。「福寿」の名にちなみ、ワンポイントに金粉も散らす。「純粋に柿のおいしさを強調し、あんも味がしっくりくる素材を研究した」と間瀬真行社長。旬の素材を生かすため、製造は11～3月のみ。

- 熱海市網代 400-1
- TEL.0557-67-0111
- 定休日 / 木曜

1個330円、3個入り990円。ネット通販も可

しいたけ坊ちゃん丸

山田屋

素材の風味生かし 歯応え楽しむ

ＪＲ熱海駅から市中心部方面に下った咲見町にある、魚のすり身の店「山田屋」。かまぼこにシイタケをかぶせた商品「しいたけ坊ちゃん丸」が好評だ。１９６７年、鮮魚卸業者として故白沢忠成さんが創業。白沢さんの没後、76年に妻時子さんが後を継ぎ、「創作かまぼこ」製造に転換した。

坊ちゃん刈りのような見た目から名が付いた「坊ちゃん丸」は２００９年にデビュー。シイタケのかさにすり身を詰めて団子状にした懐石料理の「裏白しいたけ」を源流に、伊豆山の農家が原木から育てたシイタケを使い、熱海ならではの商品を目指した。

一貫して手作りにこだわる。タラなどのすり身に刻んだゴボウ、ニンジン、長ネギを合わせて団子にし、煮て風味を調えたシイタケをかぶせて蒸し、さらにきつね色になるまで揚げる。シイタケの軸も生かし、食感に変化をつけた点もユニークだ。時子さんは「素材の味を追求した。まろやかで歯応えも何とも言えない。子供も大人も楽しめる」と話す。

- 熱海市咲見町 10-1
- TEL.0557-82-3170
- 定休日 / なし

130g(約30枚)入り1袋が530円

ネコの舌

三木製菓

やわらかな口どけ 熱海土産の定番

熱海市中心部の海沿いの渚町に、1949年開業の「三木製菓」がある。創業者の故三木貞治さんは銀座の不二家で修業し、戦後の窮乏期に露店から洋菓子店を立ち上げた。

バタークリームケーキから出発し、文人墨客や洋行帰りの別荘族ら得意客のリクエストで、当時としては珍しいクッキーやミートパイなどにも挑戦。今では40種近い生菓子や焼き菓子を手掛ける。

創業初期以来の看板商品が焼き菓子「ネコの舌」。仏語「ラングドシャ」の直訳だが、ユニークな響きが評判を呼び、熱海土産の定番に。バターと卵白、砂糖、小麦粉を混ぜて焼く。製法や味は60年前から変わらない。

棒状に絞った生地を鉄板で5分程度熱すると、次第に小判状に薄く広がる。一つとして同じ形がなく、手作り感が伝わる。「口に入れるとさらさらと溶けてしまう、やわらかな食感が命」と2代目の三木満男社長は話す。

- 熱海市渚町 3-4　● TEL.0557-81-4461
- 定住日 / 木曜・第1日曜

1本1080円。4年物は1本2160円

七尾たくあん

岸商店

熟成3年、かむほどに滋味

ＪＲ熱海駅に程近い咲見町の商店街にある「岸商店」は、１９４６年の創業。菓子店として出発したが、64年に手掛けた「七尾たくあん」が好評を博し、熱海土産の定番として定着した。ルーツは同市七尾地区の農家が漬けた自家製たくあん。明治、大正期に谷崎潤一郎ら文豪や別荘族が愛好したといい、知る人ぞ知る名産だった。

岸商店は七尾に工場を構え、咲見町の店内に真空パックの機械を導入。従来、新聞紙にぬかごと包んで持ち運んでいた地場産品を、土産品として流通させることに成功した。首が細く尻の太い練馬系の大根が原料。七尾地区の宅地化に伴い、今では伊豆の国市の契約農家が栽培する。

製法は往時のまま。水分が抜けるまで2～3週間干した後、塩、ぬかと共に樽に漬け、重しをして2～3年。鮮やかな山吹色に染まるまで熟成、発酵させる。岸秀明社長は「しっかりした歯応えがあり、かむほどに滋味が出てくる」と話す。

- 熱海市咲見町 12-12
- TEL.0557-82-2192
- 定休日 / 木曜

上品な甘さと軽い食べ心地が魅力

ホール・イン

梅家

ゴルフブームが生んだ伊東の銘菓

週末は観光客や市民でにぎわう中央通りアーケード街にある菓子処「梅家」は、昭和12年創業の老舗。自慢の逸品「ホール・イン」は温泉街・伊東を代表する洋菓子として親しまれている。

誕生は昭和30年代後半。同市では温泉と観光に加え、ゴルフブームが到来、橋田道子社長がゴルフボールをヒントに考案した。

店の工場には温泉が引かれ、その温泉でゆでた卵の黄身と白あんを混ぜ、ホワイトチョコレートでコーティング。1日約1万2千個も作るヒット商品で、しっとりとした黄身あんとホワイトチョコの上品な甘さが口いっぱいに広がり、俳優の三国連太郎さんや谷啓さんも好んだという。

橋田社長は「旅の途中で伊東に立ち寄ってまで買い求める人もいる。長年愛され続け、感謝しています」と話す。6個入り600円、20個入り2000円、店内では1個95円で販売し、地方発送も行う。店舗は湯の花通りと伊豆高原、伊東にもある。

- 伊東市中央町 6-2　● TEL.0557-37-8867
- 定休日 / 火曜

贈答品としても人気が高い

伊勢エビの干物

平田屋

伊勢エビを丸ごと
観光客もびっくり

ＪＲ伊東駅から温泉街を結ぶ湯の花通り商店街。飲食店や土産店が軒を連ね、中心地のにぎわいを支えている。干物専門店「平田屋」は明治時代の創業。元はカツオ節の卸問屋だったが、戦前に干物店に転換。厳選した新鮮な魚を、独自の薄味の塩加減で仕上げた干物は観光客に人気だ。

「伊勢エビの干物」は地元産がこだわり。水揚げされた伊勢エビを氷の入った塩水に入れ、動きが鈍くなったところへ背中に包丁を入れる。冷風乾燥後にすぐ冷凍、新鮮なままの伊勢エビが店頭に並ぶ。

干物店としては3代目の平田晴久社長は「観光客が驚くような変わった干物を作りたかった」と商品化。「インターネットで見た」「人にもらった」と電話で贈答品としての注文が主。1尾5千円で漁獲量によって値段は前後する。

ほかに、お薦めの品は、真アジ（大）が1枚500円、カマス（大）1枚700円（大きさにより変動あり）。詰め合わせも2千円台からあり希望にも応じる。

- 伊東市猪戸 1-5-47　● TEL.0557-37-1928
- 定休日／基本的に年中無休（水曜は14時頃閉店）

豆大福110円、塩大福130円

豆大福・塩大福

杉崎菓子店

国産の原料にこだわり 昔ながらの味

JR伊東駅前の繁華街から南へ少し外れた住宅地。大福専門の「杉崎菓子店」はさらに路地を分け入った先にこぢんまりとたたずむ。創業1951年。知る人ぞ知る老舗だ。

看板商品は「豆大福」と「塩大福」。初代の故杉崎佳雄さんから約40年前に継いだ、息子の勝博さんが味を守る。午前6時前から仕込み始め、1日約50個ずつ作る。どちらの大福にも入れる赤エンドウ豆と小豆は北海道産、皮は宮城県産もち米「宮こがね」だ。「出来たての一番おいしい時に食べてほしい」と、大福に一般的な、日持ちするもち粉も一切使わない。

塩大福のあんこは豆大福と比べて甘さ控えめ。皮に練り込まれた塩の辛みが豆と相まって、粒あんのうま味を引き立てる。客は地元のなじみ客が大半。以前豆の仕入れ価格が大幅に上がった時も、大福の値段は据え置いた。「買ってくれる人がいるのに値上げなんて」と勝博さん。庶民の大福を作り続ける。

● 伊東市松原湯端町4-7　● TEL.0557-36-4265
● 定休日／不定休

1個でも十分な食べ応え。1個350円

御石曳

甘味しるこや悠遊庵

築城石をイメージ 食べ応え十分

稲取漁港に近い「新宿《あらしゅく》通り」に、2011年にオープンした「甘味しるこや悠遊庵」がある。約60gのきんつば「御石曳《おいしびき》」が人気だ。店主の内山雄志さんが「品種は企業秘密」と言う北海道産小豆を1時間20分かけてふかす。羊羹ぶねに流して縦3㎝、横9㎝、高さ3㎝の立方体に切り分ける。水で溶いた小麦粉を付けて、6面を焼く。仕上げに、町内の伊豆石を切り出し、江戸城の築城石にしたという史実に基づき、男たちが縄で巨石を引っ張る「御石曳」の勇姿をデザインした焼き印を押す。ずっしりとしたきんつばは、築城石に見立てている。月に500個売り上げる。

内山さんは実家の製菓会社に勤めていたが、「地元の人がよそに持っていけるものを丁寧に作りたい」との思いから独立した。

「ひなのつるし飾り」の展示館などが軒を連ねる趣ある通りに面した店は、あんこを使った菓子が豊富。店内で食べることができる。

- 賀茂郡東伊豆町稲取 391
- TEL.0557-95-2722
- 定休日 / 水曜

1個90gで3個入り486円

ニューサマーオレンジゼリー

JA伊豆太陽河津農産加工直売所

さっぱりした甘みで初夏の味わい

伊豆急河津駅から北西に車で約10分。「JA伊豆太陽河津農産加工直売所」は、独自に開発したかんきつ類加工品を約20点扱う。売れ筋は「ニューサマーオレンジ」の関連商品。宮崎県原産「日向夏《ひゅうがなつ》」の別称で、約60年前から伊豆東海岸で栽培が広がった。現在は地域を代表する産物として知られる。

ジャムやドリンク類のほか、近年は果汁エキスを利用したボディーソープも売り出した。鈴木康夫所長は「JAの企画商品だから、惜しみなく原料を使える」と胸を張る。

ゼリーは約30年前から販売を続けるロングセラー。果汁と刻んだ皮がベースで、ほのかな苦味とさっぱりした甘みが初夏の爽やかさを思わせる。町内の土産物店や道の駅「開国下田みなと」（下田市）などで手に入る。ニューサマーオレンジの果実は4月下旬から5月下旬が収穫期。鈴木所長は「旬の時期は、果実と合わせて楽しんでほしい」と話す。

- 賀茂郡河津町川津筏場 981-2
- TEL.0558-36-8148
- 定休日／火曜

看板商品の「マドレーヌ」は1個170円

マドレーヌ

日新堂菓子店

三島由紀夫も愛した伝統の味

下田市の中心部、大横町通りに店を構える「日新堂菓子店」。開業は1922年で今は3代目の横山郁代さん夫婦が切り盛りする。61年から作り始めた「マドレーヌ」は、作家・三島由紀夫にも愛され、その味は当時から変わらない。

『「ここのマドレーヌは日本一ですよ」と三島さんにほめてもらったことがうれしい』と笑顔で思い出す郁代さん。三島由紀夫は64年の夏に同店を訪れてから自決するまでほぼ毎夏、足を運んだという。購入する数は決まって20個。接客した郁代さんの母・茂子さんは「店にいたほかの女性客にもマドレーヌを勧めてくれて、感じが良かった」と懐かしむ。

原料は卵、小麦粉、ハチミツ、アーモンド、マーガリン。「また三島さんが来るかもしれない」と、家族で伝統の味を守っている。ほかに「レモンケーキ」や「磯もなか」も店内に並ぶ。かつて文豪が足を運んだ大横町通りは、どこかゆったりとした雰囲気が今も漂っている。

- 下田市３丁目3-7
- TEL.0558-22-2263
- 定休日／なし

まろやかで飲みやすい超軟水

観音温泉の敷地内で毎日採水する超軟水

飲む温泉・観音温泉

観音温泉

「飲む温泉・観音温泉」は、下田市横川の「観音温泉」敷地内で、毎日ボトリングする源泉水だ。売りは「強アルカリなのに超軟水」。一般的なミネラルウォーターはpH7～8、硬度30～80程度とされるが、「飲む温泉『観音温泉』」はpH9・5、硬度0・7で、「飲みやすく、健康に良い」と評判を呼ぶ。

「下田の『地場産品』を全国の人に飲んでもらいたい」と鈴木和江社長。インターネットや電話などでの販売も行っていて、日本中に根強いファンがいる。鈴木社長は「人間の体は70％が水分。メタケイ酸も豊富でアンチエイジングにも役立つ」と話す。

30年ほど前に、敷地内で合宿していた欧州出身の合気道選手が、やかんに入れた温泉水を練習の合間に飲んでいたのがヒントになった。そのころ、日本では「飲泉」という習慣はなかったという。

口当たりまろやかで、のどをスッと通る。国際的な食品コンテスト「モンドセレクション最高金賞」も受賞した。2ℓの6本パックが2376円。

- 下田市横川 1092-1
- TEL.0558-28-1234
- 定休日／なし

進物やお土産、プレゼントにも最適

ハリスさんの牛乳あんパン

平井製菓本店

開国の史実に絡め人気商品に

港に隣接する旧市街地は、伝統的な「なまこ壁」などが数多く残る。サングラス姿の白人観光客がゆったりと歩く風情ある商店街の一角に、「ハリスさんの牛乳あんパン」と書かれたのぼりが立つ。創業62年を迎えた「平井製菓本店」だ。

生地に牛乳を練り込んでふっくらと焼いたキノコ型のパンに、こしあんとソフトバターが入ったこの「牛乳あんパン」は、開国１５０周年にあたる２００４年に開かれた「黒船祭」に合わせて開発された。１個90gもあり、手に取るとずっしりと重い。ほおばると、どこか懐かしい味だ。

ネーミングの理由は、初代米国総領事ハリスが病床にあった際、下田で牛乳を買って飲んだという史実から。これが日本初の牛乳売買とされ、総領事館があった市内の寺院には「牛乳の碑」もある。「県外からわざわざ来て、まとめ買いしていくお客もいます」と話すのは同社社長の車澤澄子さん。１日千個も売れる人気商品だ。価格は１個２０５円。

- 下田市２丁目11-7 ● TEL.0558-22-1345（本店）
- 定休日／水曜（祝日の場合は営業。駅前支店は無休）

食べる直前に薄皮をのせる。1個162円

パリパリメロン最中

扇屋製菓

あんを別包装し 出来たてのおいしさ

南伊豆町の温泉街・下賀茂で和洋スイーツカフェを営む扇屋製菓。風情ある旅館や民宿が並ぶ通りで、黄色が基調のしゃれた造りが目を引く。

豊富な湯量を活用したメロンの温室栽培が盛んな同町。メロンエキスを混ぜた白あんを皮で包んだメロン最中は50年以上前から複数の菓子店で製造・販売され、町の銘菓として人気だ。

「出来たてのおいしさを伝えたい」と以前から考えていた同製菓4代目の渡辺淳也さん。静岡市内で開かれた催事で女性客から言われた「もっとパリパリ感が欲しいね」の一言が、新商品を考案するきっかけになった。

あんを別に包装した「パリパリメロン最中」は食べる直前に薄皮をのせるため、出来たて感を強調できた。県外のリピーターも多く、渡辺さんは「メロン最中へのこだわりは強い」と語る。以前より糖度も5％抑え、若者層も意識している。従来の「メロン最中」も販売している。

- 賀茂郡南伊豆町下賀茂 168-1　● TEL.0558-62-0061
- 定休日 / 水曜（変動あり。来店前に確認を）

注文受付は9月中旬頃から

焼きアユ

鮎の茶屋

炭火でじっくり焼き 骨まで堪能

松崎町の山あいから中心部へと流れる那賀川は、多くの愛好家に親しまれるアユ釣りの好スポット。ワサビ田にも利用される透明度が高い清流は新鮮なアユを育て、釣り人は「ほかではないおいしさ」と絶賛するという。

そのアユを、昔ながらの製法で〝懐かしの味〟に変える店が同町大沢のアユ料理店「鮎の茶屋」。かつて冬の保存食だった「焼きアユ」は、作り手の減少で最近ではなかなか見られない逸品。おかみの山本真墨さんは「手間は掛かるけど、その分お客さんの反応が返ってくる」と話す。

生のアユを炭火で一昼夜、じっくりと焼き上げる。やがてアユの脂が焼け落ち、立ち上がる煙で燻す。徐々に黄金色の輝きが生まれ、香り高く仕上がる。特に那賀川のアユは、焼いた後にヒレと口が開くのが特徴で、泳いだような形になるという。「新鮮な証拠。甘露煮にしても骨まで軟らかい」と山本さんはあくまでも鮮度の高さにこだわる。

- 賀茂郡松崎町大沢 281
- TEL.0558-43-0282
- 定休日 / 火・水曜

全部で約30種類もある

さつま揚げ

はやま

魚の質を見極め“昔ながらの味”を追求

かつて、漁師町だった松崎町の松崎港近くで半世紀近く、変わらぬ味を追求する「はやま」。近所で評判の味は、口コミでいつしか北海道や沖縄のファンの心もつかむようになった。お歳暮シーズンの12月は注文が全国から殺到する。

「少しでも良い魚を使いたい」と、店主の端山智充さんは素材の質にこだわる。イカや川ノリ、シイタケ入りなど、さまざまな商品を作るが、大切なのは魚の味。「漁獲量が落ち込む時代、魚の質を見極める力が求められる」と話す。

漁師の家系でもあり、魚のすり身には人一倍気を使う。2001年に店を継いでから研究を重ね、冬の定番「おでん種セット」、オーソドックスな「平天」、魚の形をした「おさかな」の3つを基本に多彩な商品を売り出すようになった。それでも「伝統の味は忘れない」と端山さん。ベースはあくまでも代々受け継ぐ〝昔ながらの味〟だ。価格は「平天セット」が1300円と2450円。

- 賀茂郡松崎町松崎 495-111　● TEL.0558-43-3535
- 定休日 / 木曜と隔週日曜

200g入りの乾麺470円

黒米うどん

佐野製麺

ほのかに米の甘み 黒紫色のもちもち麺

地元の特産品を生かした麺を製造する「佐野製麺」（佐野俊子代表）。「黒米うどん」はもちもちとした黒紫色の麺が、土産物のほか旅館などの食材として人気を集めている。

隣接する松崎町の棚田で育った黒米を殻ごと粉砕。小麦粉と混ぜ、天城深層水で伸びにくい麺に仕上げる。黒米はビタミンやミネラルのほか、ポリフェノールなどを豊富に含むもち米の一種。ほのかな甘みがあり健康面の効果も期待できるという。

「独特の食感を楽しむために、軟らかめにゆでてつけ麺で食べてほしい」と佐野代表。鮮やかな色はサラダやパスタ風の料理にも最適で、全国の料亭からも注文が寄せられる。

「伊豆の特色を生かした麺作り」を目指し、健康に良く個性的な商品を開発してきた同社は、ほかにも海藻粉を練り込んだ「磯打麺」、特産の塩漬け桜葉を混ぜた「さくらそば」、天草入りの「かんてんラーメン」など豊富な商品をそろえる。

- 賀茂郡西伊豆町仁科 399-3
- TEL.0558-52-0047
- 定休日 / 日曜

田子節作りの技術を応用した。80g 650円

スモークかつお子

カネサ鰹節商店

カツオのうま味凝縮
卵巣の燻製

かつてカツオ漁の拠点として栄えた西伊豆町の田子地区へと国道から下っていく道の途中。夕日の名所として名高い大田子海岸を見下ろす高台の脇に「カネサ鰹節商店」がある。1882年の創業以来、「田子節」とも呼ばれるカツオ節の伝統の味を守り続けている老舗だ。

カツオを無駄なく使う同店の店内には、田子節や削り節に加え、塩辛など多彩な商品が並ぶ。

卵巣の燻製「スモークかつお子」(80g、650円)は、田子節の「手《て》火《び》山《やま》焙乾《ばいかん》」法を応用して製造。田子節と同じ炉を使って、桜の木の煙でいぶし、冷まして水分を表面に出す工程を繰り返す。

「表面から中まで均等に水分が抜け、カツオのうま味が凝縮される」と4代目社長の芹沢里喜夫さん。長年の経験を生かし、煙の温度や乾燥時間にもこだわった自信作だ。インターネットでの通信販売も行っている。

- 賀茂郡西伊豆町田子 600-1
- TEL.0558-53-0016
- 定休日 / 日曜・祝日(売店は年中無休)

伊豆産イノシシ肉を使用。1日100個の限定販売

猪コロッケ

マルゼン精肉店

特製味噌だれで猪肉のくせ抑える

伊豆市湯ケ島の天城温泉会館を南に１００ｍほど、国道４１４号沿いに店を構える「マルゼン精肉店」。伊豆半島のイノシシ肉を使った「猪《いのしし》コロッケ」が人気を集めている。土屋善之社長は「亡き母の思いが込められているんです」と語る。

２０１０年に他界した母恵美子さんが〃生みの親〃。地元の素材を使った名物をと考え、15年ほど前から販売する。コロッケを「元気くん」と命名し、何事にも負けず、くじけない「猪突猛進」の思いを込めた。

猟師から購入したイノシシをモモ肉やロースなどの精肉にして旅館などに卸す同店。その端肉をミンチ状にして特有のくせを抑えるため、特製味噌だれを加えている。味噌を使う猪鍋にヒントを得た。

イノシシを横から見たという形も特徴。土屋社長は「母の思いを受け継いで地域を元気にしたい」と話す。価格は「しし」(４×４＝16)にちなんで１個１６０円。

- 伊豆市湯ヶ島 234
- TEL.0558-85-0429
- 定休日 / 日曜

かむほどに深い味わい
餌にワサビ

鶏本来のうま味と食感が醍醐味

天城軍鶏の燻製

堀江養鶏

天城連山を背に豊かな自然に囲まれた矢熊地区。狩野川沿いの「堀江養鶏」の養鶏場には、3千～4千羽の天城軍鶏《あまぎしゃも》が飼育されている。

23年前に2代目の堀江昭二社長が、歯応えのある「黒系シャモ」と、きめ細かく軟らかい肉質の「横斑プリマスロック」を掛け合わせて開発。大量生産をやめ、鶏舎内におがくずを敷いて、少ない数の鶏を自然に近い形で動き回れるようにする平飼いなどに飼育法を転換、独自のブランドに育てた。

3代目の利彰さんは「なるべく鶏にストレスを与えないように」と餌にも気を配る。肉質が軟らかくなる豆乳や天城産ワサビの茎を農家から譲り受け、餌として与えている。ワサビの抗菌・整腸作用で鶏を健康にするという。

鶏本来のうま味と食感を味わえる肉は評判を呼び、伊豆を中心に全国から注文が来る。贈答用に天城軍鶏を使った燻製（もも肉、胸肉、ささ身）も。100g720円。

- 伊豆市矢熊 296
- TEL.090-7449-5655
- 定休日／日曜

6個入り780円、10個入り1300円

猪最中

小戸橋製菓

丁寧にあんを炊き
独特の風味に

修善寺から下田方面へ、国道414号を狩野川沿いに車を走らせると「小戸橋製菓本店」が見えてくる。大正元年の創業で、2012年には創業100周年を迎えた。看板商品は天城名物の「猪最中」。山に囲まれた天城地区はイノシシ狩りが昔から盛んで、旅館でもシシ鍋が振る舞われていた。「イノシシにちなんだ菓子が作れないか」と創業者が考案したのがこの最中。当時と変わらないイノシシをかたどったデザインがユニークだ。

あんこ作りも創業者が横浜の菓子店で修業した手法を引き継ぐ。銅鍋を使い、直火で5時間じっくり炊き、色つやの良い粒あんに仕上げる。気象条件を考慮し、試行錯誤を重ねた製法は心地よい食感も生み出した。あんは1～2日間熟成させ、最中の皮となじみやすくさせる。

3代目の内田明社長は、「他とはあんの作り方が少し違い、独特の風味が出る。これが長年支持されている理由」と胸を張る。

- 伊豆市月ケ瀬 580-6　● TEL.0558-85-0213
- 定休日／なし

これを旅の目的にしている観光客も多い

武士のあじ寿司

舞寿し

アジに桜葉、ワサビ
地元食材ふんだん

伊豆半島各地へ向かう観光客の玄関口となっている伊豆箱根鉄道修善寺駅。同駅構内に駅弁店を構える「舞寿し」は、全国にファンを持つ「武士のあじ寿司」（1100円）で知られる。

酢で軽くしめた伊豆近海産のアジのほか、松崎町特産の桜葉、伊豆市のワサビ、しょうゆなど地元の豊かな食材も盛り込んだ。

「あじ寿司」は、もともと駅前で寿司屋を営んでいた同店が「強みを生かそう」と開発。店主の武士東勢さんは「家族3人で切り盛りしている。アジの小骨はすべて取り除き、作り置きをせずに随時店舗へ運ぶなど細かい部分にもこだわっている」と話す。

ほかにも伊豆の幸を生かした弁当づくりに取り組む。伊豆市を構成する旧4町の食材を詰めた「い寿司」（1100円）、地鶏・天城軍鶏を生かした「わさびシャモ飯」（1400円、土日限定）なども好評を博している。

- 伊豆市柏久保 625-6　● TEL.0558-72-2416
- 定休日 / 水曜（祝日の場合は営業）

300ml入り720円、500ml入り1030円、

1カ月たる漬けして
素材の味引き出す

梅シロップ

梅びとの郷

下田へ向かう国道414号沿いに家や水田が広がる伊豆市月ケ瀬地区。観光名所として知られる月ケ瀬梅林の近くに、伊豆月ケ瀬梅組合直営の販売所「梅びとの郷《さと》」がある。看板商品は梅林で収穫した梅で作った「梅シロップ」。価格変動の激しい生梅だけに頼らず、付加価値の高い製品を作ろうと30年ほど前に開発した。顧問の久保田進也さんは「遠くからも毎年買いに来てくださるお客さまが多い」と話す。

毎年6月に収穫した青梅をグラニュー糖と共に約1カ月間、たるに漬け込む。梅本来の味を引き出すため、水や添加物は使わない。「くせのない爽やかな味が特徴」と久保田さん。水で薄めて味わうだけでなく、ソーダ水やアルコールで割っても楽しめる。

現在はシロップだけではなく、「ねり梅」(415円)、「ゆかり」(115円)、「梅ジャム」(360円~)など多彩な商品も手掛けている。

- 伊豆市月ケ瀬 535-2
- TEL.0558-85-0480
- 定休日 / 水曜

狩野川を泳ぐアユをイメージした銘菓

狩野川の若鮎

ふかせ

アユ釣りのメッカらしい風情漂う最中

伊豆箱根鉄道大仁駅前から南北に商店や飲食店が連なる大仁商店街。昭和7年創業の老舗の菓子店「ふかせ」は、地元のお菓子屋さんとして、地域住民や観光客に愛されている。

20種ほどの商品の中で特に大仁らしい逸品が、昭和43年に全国菓子博覧会で名誉金賞を受賞した最中「狩野川の若鮎」。アユ釣りで有名な大仁の名物をかたどったもので、粒あんとうぐいすあんの2種類がある。少しとぼけた感じのアユの表情がかわいらしく、頭からしっぽの先まで甘さ控えめの自家製あんこが詰まっている。

1本ずつ包装し、袋には「釣っておくれよ　狩野川育ち」で始まる「大仁小唄」が書かれている。アユ釣りのシーズンには県内外の釣り客も立ち寄るそうで、「『アユが釣れなかったから』と言って、最中を買って帰るお客さんもいるんですよ」と販売担当の深瀬雅子さん。1本100円で、10本、15本、20本のセットがある。

- 伊豆の国市大仁 284　● TEL.0558-76-1225
- 定休日 / 日曜（夏休み期間はかき氷のため不定休）

1瓶500円前後

キャラメル3種

大美伊豆牧場

ジャージー乳のうま味 手軽なペーストに

自然が豊かで、ハイキングコースとしても親しまれる伊豆の国市田中山の山頂に「大美伊豆牧場」はある。1954年創業、飼育環境を限りなく自然に近づけ、「人を健康にする」牛乳づくりを追求してきた。

1989年からは濃厚な牛乳で作るアイスクリームを販売。人気が定着する中、新たな乳製品として考案したのが、ペースト状で瓶入りのキャラメル「Jersey's Milk Caramellità」だ。

乳脂肪が高く、コクのあるジャージー牛乳とグラニュー糖、生クリームを2時間以上かけて煮立て、瓶詰め。シンプルな作りで牛乳のうま味を凝縮した。

滑らかな舌触りとすっきりした甘さも特徴で、味はプレーン、カフェラテとミルクティーの3種類。

製造、販売を担当する高橋利枝さんは「パンやビスケットに塗るなど、手軽に食べてほしい」と話す。同市のJA直売所グリーンプラザなど、県内4カ所で販売。牛乳を練り込んだまんじゅうも人気がある。

- 伊豆の国市田中山 389 ● TEL.0558-79-0016
- 定休日 / 不定休

1パック450～700円前後

ドイツ製法手作りソーセージ

Grimm

本場ドイツも認めた“金メダル”の味

函南町丹那の熱函道路沿いに〝金メダル〟の味がある。町役場から東に6㎞ほど車を走らせると「Grimm《グリム》」が見えてくる。本場のコンテストで最高賞を受賞したソーセージを求め、町内外から足しげく通う常連も多い。

店主の勝又宣博さんは2000年のドイツ国際加工肉コンテストで9個もの金メダルを獲得した。

店内には日本でもなじみ深いソーセージに加え、丸形のボロニアソーセージなど多彩な品が並ぶ。外はパリッと、中はジューシー。一口かじると口いっぱいに風味豊かな肉汁があふれ出す。

試行錯誤を繰り返しながら、本場から取り寄せたスパイスをそれぞれに合うよう調合する。ドイツで修業を重ね、帰国後の1997年に店を開いた勝又さんは「毎日食べても飽きない、これが本場の味。そのまま食べても料理に使っても何にでも合う」と話す。長年の経験に基づいた確かな技術で「本物の味」を追い求める。ベーコンやハムも人気。

- 田方郡函南町丹那 1191-45 ● 055-974-1585
- 定休日／月曜（祝日の場合は営業、翌日休み）

口コミで評判になり九州や関東からも注文が入る

金山寺みそ

渡辺商店

野菜や丸ごと大豆の歯応え楽しむ

三嶋大社の東側、三嶋暦師の館の隣にある「渡辺商店」。住宅街にある工場の一角の店舗には、「金山寺みそ」目当ての客が連日訪れる。

小麦、大豆、塩をベースにナスやシロウリ、干し大根、甘みなどを加え、熟成させて仕上げる。ショウガが味のアクセントで、野菜や丸のままの大豆の歯応えが楽しめる。10年以上食べているという市内の主婦は「味に深みがある。ほかの金山寺は食べられない」と絶賛する。

現店主の渡辺勝利さんは2代目。父親の故・武男さんは、若いころから各農家を回っての「醤油絞り」を副業にしていたが、昭和40年ごろに渡辺さんとともに自分たちで醤油や味噌、金山寺味噌を造って売り始めた。渡辺さんは「父から教わった味。熱を加えず、自家製のシロウリなど野菜はなるべく地元産を使うようにしています」と話す。トーストやサラダにのせる食べ方も好評。２００g入り２００円など各種。地方発送も行う。

- 三島市大宮町 2-6-26　● TEL.055-971-6370
- 定休日 / 不定休

1本1300円で販売期間は6〜10月

錦玉羹・ミシマバイカモ

甘味茶屋水月

清流の情景
寒天や練りきりで

三島市中心街を東西に貫く旧東海道・大通り商店街から脇に入った小路に「甘味茶屋水月《すいげつ》」がある。大通りのにぎわいから離れ、ホッと落ち着ける同店は知る人ぞ知るスポット。46年間続いた釣具店を閉め、2009年3月に開店した。釣具店の次男として育ち、菓子職人の修業を20年積んだ水口康二さんが手作りの和菓子を提供する。

夏に来客の話題をさらうのが錦玉羹の商品「ミシマバイカモ」。市内の清流に生息する水生植物、ミシマバイカモを表現した。涼感を誘う美しい仕上がりで、進物に購入する常連客も多い。

材料に地元産芋焼酎「チットラッツ」を使う。水の流れは寒天、水面に揺れる藻や梅の花に似た白い花は練りきり、川底の小石は大納言の蜜漬けで表した。口に含むとほんのり芋焼酎の香り。水口さんは「アルコール分を飛ばしつつ、焼酎の香りをどう残すか試作を重ねた」という。手間がかかるため販売数は1日限定10本。

- 三島市中央町 3-3　● TEL.055-975-5553
- 定休日 / 水曜

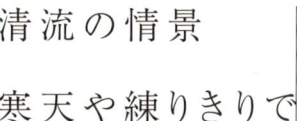

1個140円。年代を問わず愛されている

チョコレート饅頭

あさ木菓子店

世代超え愛される優しい甘み

清水町との市町境に位置する三島市加屋町。かつて駿河国と伊豆国を分けた境川が流れ、茅町《かや》と表記されていた旧町名に東海道三島宿の名残をとどめる。平成に入り、界わいは店をたたむ商店も珍しくなくなったが、1910年創業の「あさ木菓子店」は根強いファンを持つ老舗として客足が絶えない。

菓子職人歴56年の3代目店主、朝木保博さんが手作りする菓子のロングセラーの一つが、9月下旬から翌5月頃に登場する「チョコレート饅頭」。地元ファンからは「チョコまん」の愛称で親しまれる人気菓子だ。40年以上前、朝木さんが試行錯誤して開発。生クリームを入れた黄身あんをココア生地で包み、さらにチョコレートでコーティングして焼き上げる。「通年で出してという声をいただくが、天候や温度に左右され均一に作るのが難しい」と朝木さん。口に含むとふわりと優しい甘みが広がり、緑茶にも紅茶にも合う味わいだ。

- 三島市加屋町 10-10
- TEL.055-972-1515
- 定休日 / 水曜

みしまコロッケとご飯蒸しパンの相性がいい

みしまコロッケぱん

グルッペ

地元特産のおいしさ パンに凝縮

伊豆箱根鉄道駿豆線三島広小路駅から徒歩５分。三島市中心街を東西に貫く大通り商店街にパン屋「グルッペ」がある。店内に約１２０種の商品が並ぶ中、人気を集めているのが地元のおいしさを詰め込んだ「みしまコロッケぱん」（２６０円）だ。

コロッケには地元特産の三島馬鈴薯《ばれいしょ》を使用。ベーコンと黒コショウで味付けし、約１週間の工程を要する専用パン粉で丁寧に揚げた。

三島産の米を練り込んだ蒸しパンとの相性は抜群で、地元でとれる甘藷《かんしょ》を使った「まんぷく芋どら焼き」（２９２円）とともに、三島商工会議所が提唱する「三島ブランド」の逸品にも認定されている。

同店定番の「名水食パン」（１斤２６０円）と並んでリピーターが多く、山内智子店長は「自分たちが毎日食べたいパン。誇りと自信を持って薦められる一品です」と話す。ケーキセットやパスタを提供するカフェスペースを備え、店内で飲食もできる。

● 三島市本町 2-27 ● TEL.055-973-1153
● 定休日 / なし

100g87円から量り売り

米こうじ

板倉こうじ製造所

全て手作業
酵素の力でおいしく

古くから糀《こうじ》造りが盛んな清水町。境川の近くにある住宅地の一角に、「板倉こうじ製造所」がある。創業から100年以上続く老舗では、今も100%手作りの「米こうじ」が人気を集めている。

糀造りは国産玄米の精米に始まり、蒸し、種付け、寝かしなどの工程に4日かけて製品に仕上げる。「味の良い米糀を作るには、全て手作業でやるのが一番」。3代目の板倉清人さんは信念を語る。

板倉さんのこだわりは「酵素の力の強い糀」。酵素がうま味をつくり、ふんわりとした甘さが特徴の米糀が生まれると説明する。

「薄黄色なのは無添加の証し。天然の甘みがあふれている。どんな料理にも合う万能な調味料」と自信をのぞかせる。

米糀は100g87円から量り売り。最近は発酵食品が見直され「若い女性客も随分増えてきて、塩麹や甘酒を作る人も多い。子どもに安心して食べさせられる点も好評」と板倉さんは話す。

- 駿東郡清水町伏見4
- TEL.055-975-8436
- 定休日／日曜・祝日

クロコ（白）4粒入り1600円。白いワニ皮の箱入り

原産地指定のカカオ豆だけを使用

ショコラ

ショコラティエ・オウルージュ

長泉町の公共施設が立ち並ぶ長泉中央通り沿いに、黒を基調としたモダンな建物がある。県外のファンも多いショコラ専門店「ショコラティエ・オウルージュ」だ。

同町内のレストランでシェフパティシエを務めていた足立晃一さんが開業。和洋菓子店に生まれ、幼少時代から夢は「ケーキ屋さんになること」だった。

転機は20歳を前にした修業中だった。温度管理が重要で、口に入れた途端、カカオの風味が広がるショコラに出合い、菓子職人の中でも「最高峰の技術が必要」（足立さん）なショコラティエを目指した。

「丁寧な仕事をして、上質の味を届けたい」との思いから手作りにこだわり販売まで一人でこなす。

宝石のようなより高いグレードのショコラを追求し、産地限定のカカオ豆だけを使用。フレーバービーンズとして名高いベネズエラ産クリオロ種など、世界的にも希少な素材を使ったショコラなど個性的なショコラに出合える。

- 駿東郡長泉町中土狩 874-1
- TEL.055-950-9898
- 定休日／火曜

5本入り850円、7本入り1190円、10本入り1700円など

生わさび入り最中

丸中わさび店

白あんで引き立つ清涼な辛み

ＪＲ駿河小山駅から駅前通り商店街を歩くと、明治35年創業の老舗「丸中わさび店」の看板が目に入る。人気は生わさび入り最中《もなか》「山そだち」。4代目店長の荻原直史さんは「甘さ控えめの白あんで生わさびのぴりっとした清涼な味が引き立つ。首都圏からもお客さまが来てくれます」と笑顔を見せる。

初代が伊豆から移住し、小山町の須川湧水群周辺にわさび沢を拓いた。扱う品種は、強い辛みとともに甘みが舌に残る「真妻《まづま》」。寒冷な気候と豊富な富士山伏流水で育つ地元のわさびは、全国の品評会でも高い評価を得ている。わさびをかたどった皮が特徴で、生わさびの香りを損なわないよう冷凍庫で保存し、冷たいうちに食べるのがお薦め。保存料を使わないなど品質にこだわり、一つ一つ手作りするため数も限られる。荻原店長は「これからも安心して召し上がってもらえる商品を提供していきたい」と力を込める。

- 駿東郡小山町小山 69-2　● TEL.0550-76-0753
- 定休日 / 水曜（祝日の場合は営業）

ハム、ソーセージ、サラミなど多彩な商品

ふじのくに「すそのポーク」と加工品

渡辺商店

富士山麓で育った
上質な豚肉

ＪＲ御殿場駅前のにぎわいを支える森の腰商店街。昭和20年に創業した精肉店「渡辺商店」の2代目社長・渡辺義広さんは「安心・安全を心掛けてきたことで、お客さまに評価していただいている」と胸を張る。

二枚看板は静岡型銘柄豚ふじのくに「すそのポーク」と自家製ハムのブランド「渡辺ハム工房」の商品。銘柄豚は肉のおいしさを決める脂肪の量が多く、まろやかな舌触り。富士山麓で育てたすそのポークを扱う店は県東部でも少ないという。「生産者とは先代からの付き合い。直接仕入れて製品にできるのが強み」と話す。

息子の義基さんが担当するハム工房は保存料を使わず、素材の味を生かしている。対面販売が基本で義広さんは「おいしかったと言われるのが何よりうれしい。焼き加減や料理を提案することもあります」と笑顔を見せる。「渡辺ハム工房」の商品はロースハム１００ｇ４２２円、ベーコン１００ｇ３１４円など。

- 御殿場市川島田 661　● TEL.0550-82-0234
- 定休日 / 日曜

口コミで多くの料理人も愛用する逸品

2倍の手間ひま掛け 自然のうま味

さいしこみ甘露しょうゆ

天野醤油

市街地から旧246号(足柄街道)を小山町方面に進むと、老舗商店が立ち並ぶ歴史深い御殿場地区の東端に、創業70年を超える「天野醤油」がある。

「さいしこみ甘露しょうゆ」(720ml瓶864円)は、機械的に温度を上げず、1年間かけて天然醸造した生醤油を糀に足して再発酵させ、計2年かける。通常の2倍の材料と手間ひまで熟成させた逸品で、約30年続く看板商品。全国の品評会で農林水産大臣賞受賞歴もある。

色が濃いため味も濃いと思われがちだが、塩分は濃い口醤油より2%ほど少ない約14%。刺し身に最適で、すき焼きの割り下などにも好まれる。

名前に反し、砂糖など一切使わない無添加の醤油には、富士山の湧水と高冷地・御殿場の気候が育んだ強い自然のうま味がある。主力商品で国産原料100%の「本丸亭」(720ml瓶756円)は県東部の学校給食で使われるなじみの味。すっきりとした味わいで煮物などに向く。

● 御殿場市御殿場 139-1 ● TEL.0550-82-0518
● 定休日/日曜・祝日

100g620円の特選、550円の特上が売れ筋

馬刺し

山﨑精肉店

独特の甘みと食感
脂少なく健康的

　富士から山中湖方面に抜ける国道４６９号沿いにある板妻商店街。週末は観光客も多い通りでひときわにぎわうのが御殿場馬刺しの元祖、山﨑精肉店だ。山﨑信男会長が45年ほど前に「ほかにはない独自の商品を」と扱い始め、今では御殿場を代表する食文化の一つになった。

　国内産の馬を仕入れ、食肉センターで食肉解体し店内で処理。鮮度にこだわり、必ず２週間以内で売り切る。脂の少ない刺し身は臭みがなく、独特の甘みとやわらかい食感が特徴。ニンニクやショウガを添えて食べるのが一般的で、山﨑信次社長は「一度食べればクセになる」と話す。

　御殿場ではかつて農耕や富士登山のため、多くの家で馬を飼っていた。馬との縁が深いこともあり、近年は市内の多くの精肉店が馬刺しを扱う。店内では国内で唯一北駿で飼育される金華豚も扱う。ほかにも自社工場山﨑ハム、コロッケなどの惣菜、桜鍋用のバラ肉、自家製角煮などもあり通販にも応じている。

- 御殿場市板妻 114-1　● TEL.0550-89-1229
- 定休日 / 火曜

年間を通じて人気が高い、老舗の名品

鱒の姿ずし

妙見

さっぱりした味わい 酒の肴にも

ＪＲ御殿場駅富士山口からまっすぐ延びる大通りを進むと、昭和10年創業の名店「妙見」の趣のある店構えが左手に見える。

頭を残したままの姿が印象的な押しずし「鱒の姿ずし」（１２５０円）は看板商品の一つ。安定した水温を誇る富士山の湧水で育った富士宮産ニジマスの半身を、最高級日高昆布を入れた酢に漬け、県産コシヒカリと合わせた。マス独特の臭みが無く、さっぱりした味は酒の肴としても喜ばれ、出来上がりから半日置くとマスのうま味が米になじみ、味わいを増すという。

戦後間もないころ、御殿場市職員から地元産のマスを使った商品開発を依頼され、関西出身の初代店主が開発。御殿場駅や秩父宮記念公園（同市東田中）でも販売され、関東のファンも多い。夏季限定の「鮎の姿ずし」（１６５０円）、漁場まで厳選する「鯖の押ずし」（２３５０円）も好評。

- 御殿場市新橋 1983
- TEL.0550-82-0142
- 定休日／火曜

粒あんがたっぷり入って1個120円

小麦まんじゅう

ふる里

塩気がきいたあんで素朴な味

裾野市千福の国道246号下り線沿いに店を構える菓子店「ふる里」（大塩優子代表）。たっぷりの粒あんを肉厚の小麦の皮で包んだ「小麦まんじゅう」が、創業約30年の同店の看板商品だ。塩っ気がある甘すぎないあんが特徴で、「飽きのこない、素朴な味」と市民に愛されている。

すべて手作りにこだわり、保存料は一切不使用。先代から店を継いだ妻優子さんは「また来てもらえる味を目指した。お客さんに育てていただいた」と目を細める。長女祥子さんや配達担当と店を切り盛りする。

小麦まんじゅうを油でカリッと揚げた「揚げまんじゅう」も世代を問わず人気が高いという。最近は裾野産モロヘイヤを使ったモロヘイヤ団子を企画し、市商工会の認定特産品「すそのブランド」として地域のPRにも一役買っている（夏季予約のみ）。

営業日は早朝7時から開店し、地域に開かれた店として客足が絶えない。

- 裾野市千福 167-1
- TEL.0800-200-4228
- 定休日 / 月曜

1個126円という手軽な値段とサイズが好評

プチ・フロマージュ

ドルセ

チーズの深いコクと
やわらかな食感

ＪＲ沼津駅から沼津港をつなぐ沼津市大手町のさんさん通り。その一角に1979年から店を構えるのが、洋菓子店「ドルセ」だ。２代目シェフの木所晃一さんが「食べて笑顔が生まれる地域に親しまれるお菓子」をモットーに店を切り盛りする。

自慢の一品は、15前から作り続ける半熟タイプのチーズケーキ「プチ・フロマージュ」。長さ９cm、横３cmの細長く小ぶりなサイズと、１個１２６円の手軽さがリピーターを増やすロングセラー商品だ。

「食べやすく、誰もが親しめるチーズケーキ」を求めて何種類ものチーズを試し、日本人好みの味を追究した。コクが強いフランス産クリームチーズを通常より多く使用し、メレンゲを混ぜて風味とやわらかな食感を出した。

スポンジ生地との相性もぴったり。機械を使わず特注の型で丁寧に作り上げるのもこだわりの一つだ。木所さんは「家族のだんらんやお土産などいろいろな場面で活用してほしい」と話す。

- 沼津市大手町 3-5-1　● TEL.055-962-2691
- 定休日 / 火曜（祝日の場合は営業、翌日休み）

味は8種類あり、1個120円

あんパン

恵比

ほんのり酒種の風味
やわらかさに満足

鮮魚を売り物にした飲食店が軒を連ねる沼津港の近く。かつて干物加工場だった一角に、あんパン専門店「恵比《えび》」がある。店に入ると、生地に使う酒種の甘い香りが漂う。あんは小倉あん、こしあん、栗あん、焼きいもあんなど8種類。弾力のあるやわらかい生地が特徴だ。午前8時に開店し、1日600～800個が午後3時頃までには完売する。大阪の専門学校で学び、東京や沼津で経験を積んだパン職人、福室敏一さんが開店したのは平成元年。当初はいろいろなパンを並べていたが、「特色ある店づくりをしたい」と3年前、あんパン専門店に模様替えした。最近は干物を手にした港帰りの観光客も、沼津土産として買い求めていく。

焼き上げた後、箱に入れて蒸らし、やわらかさと風味を際立たせるのが恵比流。焼きたてはもちろん、2、3日たってもおいしく食べられる。「パンは生き物。手間をかけるほどいいものができる」という職人魂が味を支える。

- 沼津市千本港町 53 ● TEL.055-962-1423
- 定休日 / 日曜・祝日

一度食べてやみつきになるリピーターも多い

自家製あしたかコンビーフ

渡邊精肉店

良質な肉のうま味と独特な甘味

ＪＲ原駅の北側、旧東海道沿いにある「渡邊精肉店」は、愛鷹山ろくに育つ「あしたか牛」を使った特色ある商品を生産、販売する。中でも精肉の過程で出る切れ端を活用した「自家製あしたかコンビーフ」は人気商品。肉のうま味もさることながら「市販の缶詰とは脂の質が違う。固まりにくく肉全体に満遍なく広がり、何とも言えない甘味」と渡邊好孝社長。

販売を始めたのは２００２年。あしたか牛は生産量が限られるため、他の国産牛を配合していた時期もあったが、供給が比較的安定した今は１００％あしたか牛を使用。原材料に「国産牛」とだけ記し、あしたか牛とうたわないのは、「必ず１００％で出せる保証がなければ表示できない」という社長のこだわりだ。

店頭販売のみだが取り寄せも可能。１００g（５１８円）と２００g（８４２円）の２種類。電話やファクスで注文を受け付ける。問い合わせは午前10時から午後４時まで。

- 沼津市原 345 ● TEL.055-966-0140
- 定休日 / 日曜

豊かな風味が魅力。1本330mℓ入り486円から

ベアードビール

ベアードブルワリー

瓶内熟成、豊かな風味堪能

沼津港の一角、沼津市蓼原町に小さなビール醸造所「ベアードブルワリー」がある。ベアード・ブライアン、さゆり夫妻が2000年に設立。生のホップや自然発芽のモルト（麦芽）など厳選した素材の味を生かし、小規模ならではの個性的なビールを造る。

販売しているのは、瓶の中で酵母の二次発酵が進む瓶内熟成ビール。定番は12種類。さわやかなホップの香りが特徴の「ライジングサン　ペールエール」、モルトやホップが豊富な「アングリーボーイ　ブラウンエール」など、その味わいにはブライアンさんの情熱と職人魂が込められている。ラベルはカラフルな版画で、それぞれの特徴や造り手の思いなどを表現した。「ビールは長い伝統と文化があり、敬意を込めて醸造している。ラベルや名前をきっかけにビールの歴史なども楽しんでほしい」とさゆりさん。沼津港前の直営レストラン「タップルーム」では、樽内熟成ベアードビールを楽しめ、2014年6月には修善寺に新工場もオープンした。

- 沼津市千本港町 19-4（店舗 / 沼津フィッシュマーケットタップルーム）
- TEL.055-963-2628
- 定休日 / 火曜日

3種類とも1パック400円前後から

うずわみそ

一海丸

青じその香り豊か ご飯と一緒に

内浦漁港の正面に、「うずわみそ」の専門店「一海《かずみ》丸《まる》」がある。地元で「うずわ」と呼ぶソウダガツオの身に火を通してほぐし、青じそと甘味噌であえた万能味噌は、海辺のまちで脈々と食べ継がれてきた食文化。伊豆の国市に住む店長・橋場勇吉さんが魅了され、2010年に店を構えた。

味はベースの「青じそ」と、独自に考案した「青じそピリ辛」、「青唐辛子」の3種類。140g入りと200g入りがある。味をなじませたカツオ味噌に地元産の素材をからめ、香り豊かに仕上げる。キュウリに添えたり、ご飯や豆腐にのせるほか、焼きそばの仕上げに使えば意外なアクセントになる。

橋場さんはプラスチック板加工業を営む。釣り好きが高じて船を持ち、内浦の朝市で「うずわみそ」を口にしたのを機に開店を志望。住民にレシピを教わった。本業の腕前を生かして味噌を練る機械を自作する力の入れようで、自分で釣ったソウダガツオを調理場に持ち込む日々を送る。

● 沼津市内浦三津 122-112 ● TEL.0120-742700
● 定休日 / 不定休

自社農場の麦豚を加工したドイツハムやソーセージ

ドイツハム・ソーセージ

麦豚工房石塚

自社飼育麦豚を使用 ジューシーな味

沼津市内で唯一の養豚農家が２０１３年４月に岡一色に出店した直営店舗「麦豚工房石塚」。店頭には、精肉やウインナー、スライスソーセージ、ハムなど30種類以上が所狭しと並ぶ。農業者が生産から加工、販売まで手掛ける6次産業化への挑戦で、自分で飼育する豚の生産量の５％を直販にあてる。

飼料に通常よりも3倍多く麦を混ぜるのが特徴。生産者の石塚貴久さんは「うま味成分が逃げにくく、保水性も高い豚肉になる」と話す。本場ドイツ製法で加工し、保存料や着色料を使わない。

売れ筋の粗びきウインナーは1パック約５５０円。粗びきのバラ肉をふんだんに取り入れ、ジューシーな味わいが幅広い世代に好まれる。皮をむいて食べる白ウインナーは同約４５０円。ロースやもも肉の味噌漬けも人気だ。

開店は、養豚農家の生き残りを懸けたチャレンジと語る石塚さん。「肥育や加工のこだわりをお客さんに直接伝えられる」と手応えを感じている。

- 沼津市岡一色 145-1 ● TEL.055-943-6456
- 定休日 / 月曜

一口サイズでいくつでも食べられる

富士川の小まんぢゅう

松風堂

長年変わらない味は常に出来たて

ＪＲ東海道線富士川駅から北に徒歩約5分。県道富士由比線沿いに店を構える和菓子店「松風堂」。商品は「富士川の小まんぢゅう」のみ。昔から変わらない味で多くの客に愛されている。

大正元年から100年以上続く和菓子店の転機は、40年以上前の東名富士川サービスエリアの開設。当時、同エリア内の売店で「小まんぢゅう」が好評を博したのがきっかけで、店舗でも1品のみで勝負することになった。

小豆は北海道産の「特選小豆」を使い、原料は小麦粉、砂糖、重そう、塩、水飴。他には一切加えない。「その日に作ったものはその日のうちに売る」という信念の下、常に出来たてを提供する。

28個入り（360円）、53個入り（670円）、70個入り（880円）、106個入り（1340円）の4種類。4代目店主の大石雅信さんは「幅広い世代に愛してもらえるよう、これからも思いを込めて作りたい」と話す。

- 富士市中之郷 712　● TEL.0545-81-0215
- 定休日／木曜（月 1 回不定休で水・木曜の連休あり）

1個450円。ヘルシーで手軽なことも人気の理由

富士がんもいっち

金沢豆腐店

伝統の味付けがんも
パンにぴったり

地元産業を支える製紙工場が林立する工場群の一角に、こぢんまりとたたずむのが老舗の「金沢豆腐店」だ。味付けがんもをパンで挟んだ「富士がんもいっち」を、地元のパン屋や料理店と協力、2013年1月に商品化した。

地元に伝わる味付けがんもは、表面が焦げ茶色で砂糖を使った甘さが売り。100年以上前からある伝統的な食べ物で、土地を離れている者にとって古里・富士を感じさせるものだという。2012年、「この味付けがんもを生かした新商品で、打開できないか」。廃業が相次ぐ地元豆腐店の現状を憂えていた金沢幸彦店主は、市内の清水屋食品の中野透社長と組み、手軽なサンドイッチで再興に向けて始動した。今では9時の開店を待って買いに来るお客さんもいて、14時頃に売り切れる日もある。

現在、取り扱いは市内3店。味付けやパッケージは各店の自由なので「それぞれのこだわりが生かせる」と金沢さんは話す。

- 富士市今泉 4-1-13
- TEL.0545-52-1640
- 定休日 / 日曜

新鮮なシラスがのった丼目当てに遠方からも人が訪れる

生しらす丼

田子の浦漁協食堂

とれたてのぷりぷりを 山盛りで味わう

田子の浦港西岸の船だまり近くにある田子の浦漁協。ここではシラス漁解禁に合わせて、新鮮なシラスを味わえる漁協食堂がオープンする。メニューは「ぷりぷり生しらす丼」2種と「釜揚げしらす丼」、両方のった「ハーフ丼」（写真）など（600〜850円）。生シラス丼のうち、シラスを山盛りにし、頂上部に釜揚げシラスをのせた「富士山盛り」850円が一番の人気。隣接の販売所では土産用シラスなども販売する。

同漁協のシラス漁は1隻で行う「一艘曳き」。2隻で網を広げる二艘曳きに比べて漁獲量は少ないが、シラスの群れだけを狙って網を掛け、素早く水揚げすることから、「質や鮮度はどこにも負けない」という。急速冷凍機も導入し、海が荒れて出漁できない場合には冷凍シラスで対応している。

食堂、直売所は11月末まで原則毎日営業する。数量限定なので早めに出かけるのがお薦めだ。

- 富士市前田字新田 866-6　● TEL.0545-61-1004
- 定休日 / 食堂は４〜11月まで原則無休。生シラス販売所は日曜・祝日休み

1個265円。城北店、西駅前店でも販売

黒みつ豆腐

藤太郎本店

豆腐と豆乳を使ったパンナコッタ

富士山本宮浅間大社に近く、門前町風の店舗が立ち並ぶ富士宮市の神田商店街。その一角にある菓子店「藤太郎本店」(後藤泰輔社長)には、地元の産物を使った和菓子や洋菓子などが並ぶ。和と洋の長所を生かした菓子作りにも力を入れ、その代表作が豆腐のパンナコッタ「黒みつ豆腐」だ。

主原料の豆腐と豆乳には、同市宝町の「和田とうふや」の絹ごし豆腐と濃い口の豆乳を使用。豆腐選びでは、後藤社長の弟で製造部長の健さんが、市内のすべての豆腐店を回り、大粒で一等の国産大豆にこだわる同店に決めた。さらに、コクを出すために、生クリームは動物性脂肪分が高いものを使っている。

「2種類の味を楽しめる」のが売り。まず、黒みつなしで豆腐の風味が強く残った甘みを味わい、それから濃厚な黒みつを掛けて堪能する。「豆腐と豆乳を使っているので美容や健康にも良い」と後藤社長は話す。

- 富士宮市大宮町 8-3 ● TEL.0544-26-4118
- 定休日 / 水曜（不定休）

1本220円。中に入った具材の食感が楽しい

やきそばスティック

蒲貞

蒲鉾に練り込んだ 富士宮の味

富士山本宮浅間大社の門前にある宮町商店街の一角に、老舗蒲鉾店「蒲貞《かまてい》」がある。生み出した富士宮ならではのオリジナル商品が、富士宮やきそばの具材入り揚げ蒲鉾「やきそばスティック」だ。

２００７年６月に浅間大社で開かれ、25万人を集めた第２回Ｂ－１グランプリに合わせ、「やきそばに関係するものを作りたい」（神谷典秀副代表）と商品化。やきそばの麺、キャベツ、ネギ、イカ、紅ショウガを生のまま白身魚のすり身に練り込み、棒状にして蒸した後、表面に焦げ目がつくように１８０度の油でサッと揚げる。

市内のイベントなどにも出店し、観光客らの人気も集めている。神谷副代表は「少し温めて、マヨネーズを付けてもおいしい。酒のつまみにもおかずにもなる」と話す。ほかにも桜えび蒲鉾（１パック４２０円）、ゆず蒲鉾（１枚４２０円）など、地域の特産を使った商品を作っている。

● 富士宮市宮町 9-2 ● TEL.0544-26-2814
● 定休日 / 水曜

口どけもやさしい「御くじ餅」。6個入り700円

御くじ餅

きたがわ

おみくじも楽しめる 紅白の縁起餅

全国に1300余社ある浅間神社の総本宮としてあがめられている富士山本宮浅間大社。その目の前にある名産品店街の「お宮横丁」で、参拝客らに人気なのが「御《み》くじ餅」だ。

製あん所を経営する同町の「きたがわ」が2004年の横丁開設時に、「浅間大社の門前町としてふさわしいお土産を」と開発。富士山の伏流水で上質の白玉粉を練り、自家製あんを包んだ紅白の縁起餅は、北海道産小豆や白インゲンを使用。豆の王者と言われる大納言小豆を一粒のせた。やわらかな食感で、口にふくむと上品な甘さが広がる。その名の通り、箱の中におみくじが1枚入っているため、運試しも楽しめる。

市の中心部では空洞化が進み、周辺商店街でもかつてのにぎわいが失われつつある。逆境の中、富士宮やきそばやニジマス、乳製品などの食を中心に、特産を集めたお宮横丁は成功例として知られ、平日も多くの人出でにぎわう。

- 富士宮市宮町 4-23 お宮横丁売店
- TEL.0544-66-6008
- 定休日 / なし

静岡県 中部

静岡市
焼津市
藤枝市
川根本町
島田市
吉田町

ミカンの産地だからできた爽快な酸味

清水の青みかんドレッシング

伏見醤油

摘果ミカンの果汁で爽やかな風味に

東海道17番宿場の興津は、身延、甲府にも通じる交通の要衝。国道52号の西側を並行する甲州道(身延道)は、今も歴史を感じさせる商店が点在する。醤油製造販売「キッコーフジ伏見醤油」の社屋も風情ある大正時代の建築だ。

ガラスの引き戸を開けると、醤油、だし入りつゆといった定番商品とともに、摘果ミカンを絞った「清水の青みかんドレッシング」(190ml360円)が棚に並ぶ。2001年に旧興津商工会の特産品開発グループが商品化した摘果ミカン入りポン酢をもとに、同社が2011年にドレッシングとして再び市場に送り出した。

摘果ミカンは、直線的で爽やかな酸味が特徴だ。地元の畑で採った若い果実を搾り、自社の醤油と合わせて野菜にも魚にも合う調味料に仕立てた。

伏見醤油の4代目、伏見裕之さんは「摘果果汁はミカン産地ならではの素材で、活用の幅は広い。ポン酢の復活にも挑戦したい」と話した。

- 静岡市清水区興津中町272 ● TEL.054-369-0009
- 定休日/不定休

小ぶりで食べやすい。25個入り600円から

宮様まんぢう

潮屋

ほんのりと酒の香り
命名に逸話

明治から昭和初期にかけて、維新の重鎮や皇族関係者の保養地として栄えた静岡市清水区の興津地区。街の中心を通る旧東海道沿いに菓子店「潮屋」が店を構える。同地区の名物として有名なあんを使った和菓子を幅広く取りそろえている。

看板商品は「宮様まんぢう」。戦前に興津を訪ねた多くの皇族方が気に入られ、当時の宮内省から「宮様」の冠を付けることを許されたという逸話を持つ。幼い宮様の口にも合うよう、ころころとした形で、通常のまんじゅうよりも小ぶりに作られている。

製法は明治時代に潮屋を創業した初代から受け継いだ。麹《こうじ》ともち米を発酵させた酒だねを用い、口に入れるとあんの甘みに加え、酒の芳醇な香りが広がる。店主の小沢智弘さんは、「あっさりとして食べやすいのが特徴」と話す。25個入り600円から。「あげまんぢう」（8個入り300円）もファンが多い。

- 静岡市清水区興津本町 27-1　● TEL.054-369-0348
- 定休日 / 火曜（祝日の場合は営業）

粘りを楽しめるガゴメ昆布。「あらびき」70g1620円など

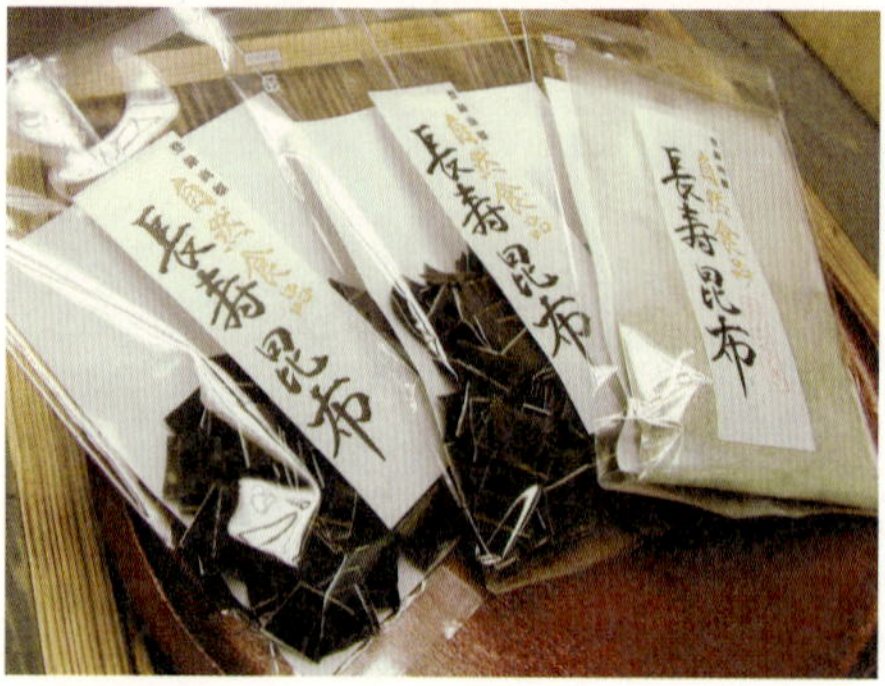

長寿昆布

次郎長屋

上品な味わいと粘りを楽しむ

ＪＲ清水駅江尻口を降りて、七夕まつりで有名な駅前銀座商店街を歩くこと約３分。昭和21年創業の昆布専門店「次郎長屋」の看板が目に入ってくる。登録商標している「長寿昆布」が看板商品。2代目社長の西ケ谷建志さんは、手作りの伝統製法へのこだわりを年々深めているという。

初代で父親の公夫さんが約30年前、旧静岡薬科大の講座を聴きに行った時に、昆布の中でも特に健康にいいと学んだ「ガゴメ昆布」を新商品にしようと考えたという。石臼で粉状にした「あらびき」はみそ汁に入れたり昆布水にして楽しむ。天日干しした「角切り」はそのまま味わう。ガゴメ昆布は粘りがあり、お通じをよくするという。飽きのこない上品な風味も特徴だ。

建志さんは函館で漁師と寝食を共にし、昆布を自ら採る力の入れよう。「乾物の食文化を絶やさず、信頼される商品を売っていきたい」と笑顔で話した。

- 静岡市清水区真砂町 4-9
- TEL.0120-33-9481
- 定休日 / 水曜

夏の人気商品「餡蜜」と「ぜんざい」。電話注文も受け付けている

餡蜜

風土菓庵原屋

崩しながら食べる 寒天が特徴

七夕のころ、清水銀座商店街は名物の竹飾りで華やぐ。趣のある通りの一角にあるのが「風土菓庵原屋」だ。大正13年創業、「次郎長最中」「天王山」などロングセラーと並んで、夏は「餡蜜《あんみつ》」が人気を呼ぶ。

寒天がサイコロ状ではなく、カップにゼリーのように納まっているのが特徴。求肥、フルーツ、小豆あん、赤エンドウ豆をのせ、黒みつをかけて西伊豆のテングサから作った寒天をスプーンで崩して味わう。ぷるんとした喉ごしと風味が食欲を刺激する。

「出来たてのおいしさを家庭で味わってもらいたくて2002年に3代目が考案しました」と4代目の望月一徳さん。「初代は最中にもちを入れることを思い付き、祖父がシュー皮で巻いたロールケーキを発案した。素材も上質のものしか使いません」。味を追求し工夫を凝らす気性を受け継ぐ。「餡蜜」「ぜんざい」は各368円、かわいらしい球形の最中「たま最中」が94円。

- 静岡市清水区銀座 14-14 ● TEL.054-366-1022
- 定休日 / 水曜

「あんこ」「みそあん」の2種類。各110円

ゆび饅頭

船橋舎織江

次郎長の逸話伝える
指跡がユニーク

細い路地に歴史を感じさせる店が点在する静岡市清水区の上地区。その一角にある和洋菓子店・「船橋舎織江」の「ゆび饅頭」は、清水次郎長ゆかりの人気商品だ。

ゆび饅頭の由来は、晩年の次郎長が同店を訪ねた際、饅頭を指でつぶして「こんなつぶれた饅頭じゃ売りもんにならねぇずら」と持ち去り、近所の子どもたちに配ってしまった、との逸話から。店主の杉本祐三さんが先代から話を伝え聞き、店の歴史を形として残そうと15年程前に商品化した。

あんや皮には、「懐かしい味を楽しんでもらいたい」との思いから、精製していない砂糖を用い、昔ながらの饅頭を再現した。最大の特徴は、一つずつ丹念につける次郎長の〝指の跡〟。ころころとした形がユーモラスだ。6個660円、10個1100円の箱入りもある。清水区の清水港船宿記念館「末広」でも購入できる。

● 静岡市清水区上2丁目1-20　● TEL.054-352-6915
● 定休日／水曜

老舗ならではの技と味が詰まっている

いなりずし、赤身握り

いなりやNOZOMI

老舗の味を気軽にお持ち帰り

ＪＲ清水駅に近い市街地。白木の門構えが目印の老舗、末広鮨。その隣で同店が直営する持ち帰り専門店が「いなりやＮＯＺＯＭＩ」だ。名店の味はそのままに、価格を手頃に抑え、常連を増やし続ける。

「いなりずし」は５個４８６円。国産大豆１００％の油揚げを煮たいなりの中にユズがほんのり薫る極薄酢蓮（すばす）を忍ばせて味を引き締め、ごまで香味と食感を整える。

ミナミマグロの「赤身握りと巻物」７５６円も人気が高い。由比のアジ、アナゴなど季節で品書きは替わるが、いずれも惜しみなく手間を掛けた逸品。サクラエビは甘辛く煮た後、ゆで、さらに蒸してふっくら感を出す。卵は放し飼い有精卵に白身魚のすり身を練り込む。

「いなりは天保飢饉の時、うまく安く日持ちする、と流行った庶民の味」と末広鮨店主・望月栄次さん。いなりやを取り仕切る長男の之匡さんは「いつか清水の名物にできたら」と精進に励む。

- 静岡市清水区江尻東２丁目5-28
- TEL.054-367-8872
- 定休日／水曜

ビールにも酒にも合う。持ち帰りは1本130円

もつカレー煮込み

やきとり金の字本店

戦後から引き継ぐ元祖の味

ＪＲ清水駅西口から100m。開店の17時前に行列もできる「やきとり金の字本店」には昭和の風情が漂う。ここが〝清水もつカレー〟の元祖だ。

先代の故杉本金重さんが戦時中、満州で一緒に炊事した東京の洋食店の人からカレーを習ったのが縁だった。後に清水で焼き鳥屋台を始め、名古屋のもつ煮の味噌をカレーに代えた。1951年だったという。洋食に親しむ国際貿易都市の清水っ子にこれがウケた。

2代目重義さんが味を継ぎ、今は〝3代目候補〟長男要平さんがルーづくりに丹精を込める。小麦粉をじっくり炒めたほのかな苦みがビールや酒に合う。甘さと辛さは程よく抑制され、飽きがこない。だからこそ、たれと塩味の一般的な焼き鳥と連続して食べると、互いに後を引く味になる。

手触り滑らかな無垢のヒノキのカウンターで左党が酒を交わす。遠方のファンも多く、開店直後に完売してしまう日もある。

- 静岡市清水区真砂町 1-14
- TEL.054-364-1203
- 定休日 / 日曜・祝日

粒あん、こしあん、白あんの3種類。1個140円

河童まんじゅう

甘静舎

甘さ控えめ、おちゃめな表情も人気

清水を流れる巴川に架かる稚児橋。河童伝説が残るその橋のほとりに、1781年創業の和菓子店「甘静舎」はある。看板商品「河童まんじゅう」は、手作りならではの豊かな表情と、個性的な頭の皿で好評を得ている。

2005年に7代目藤波新彌さんが亡くなり休業していたが、新彌さんの妹の佐々木温恵さんと、温恵さんの娘で和菓子職人の修業を積んだ藤波一恵さんが2013年3月に店を再開させた。先代までの「河童まんじゅう」は黒糖まんじゅうに焼き印を押したシンプルなものだったが、「子どもからお年寄りまで親しんでもらいたい」という一恵さんのアイデアで全面リニューアル。現代風に甘さも抑えた。

黒ごまの目で感情を表現し、くちばしの形も1個ずつ変化を付けている。河童のトレードマークである皿は、富士山やサッカーボールなど季節や時事ニュースに合わせたデザインにと、遊び心も満載だ。

- 静岡市清水区江尻町 4-26
- TEL.054-366-5235
- 定休日 / 水曜

二枚看板の黒はんぺんとグチのかまぼこ

黒はんぺんとかまぼこ

服部蒲鉾店

素材へのこだわりが 静岡の味守る

中心市街地のにぎわいを支える静岡紺屋町名店街。創業90年以上の老舗、「服部蒲鉾店」は地元ならではの味を守り続けている。

二枚看板は「黒はんぺん」と「かまぼこ」。「サバをメインにした黒はんぺんは、脂が甘みとなり、なめらかな舌触り。イワシのはんぺんとはまた違った味わい」と3代目店主の服部功さんは話す。一口サイズ（小）が1枚20円、ふた口サイズ（大）は50円と格安な値段も好評の理由だ。

型抜きではなく、おわん型ですくう昔ながらの手法で、〝静岡の黒はんぺん〟を形作っていく。「新しいうちは生のままがいい。おでんやフライにしてもおいしい」と楽しみ方はさまざま。１本４２０円の「かまぼこ」は近海物のグチを使ったものが人気で、タラで作ったものより魚の香りが強いのが特徴だ。「静岡に住んでいた人が静岡を離れても『ここのものがおいしい』と注文してくれるのがうれしい。一度にはんぺんを１００枚も購入する客もいる」そうだ。

- 静岡市葵区紺屋町 3-2　● TEL.054-252-1612
- 定休日 / 水曜（祝日の場合と繁忙期は営業）

味噌風味が人気の「葵大丸」(右上)1枚71円など

葵せんべい

葵煎餅本家

サクサクした食感で食べやすく

駿府城跡と静岡浅間神社を結ぶ静岡浅間通り商店街。今昔入り交じる店の並びに、明治2年創業の「葵煎餅本家」がある。「葵せんべい」は徳川の葵の御紋にちなむが、豪快なエピソードが残る。

葵せんべいの代名詞である定番商品「葵大丸」は、葵の御紋を型どったツヤのある大判な味噌せんべいとして知られる。4代目社長の海野和弘さんは「実は昔、勝手に御紋を使って作ってしまい、当時の久能山東照宮に叱られたんです」と打ち明ける。その後、知人を通じて許可をもらい今に至るという。

葵煎餅本家は小麦粉で作るのが特徴。小麦粉の種類によって歯応えが決まる。葵大丸は昔ながらの堅いせんべいだが口溶けが早く、飴のように食べたり、湿気させて食べるお客さんも多い。

最近はコーヒー、アーモンドなどを練り込んだ洋風せんべいも好評だ。「先代たちが作り上げた物を基本に、ほかにはない面白いせんべいに挑戦したい」と海野さんは話す。

- 静岡市葵区馬場町 20
- TEL.054-252-6260
- 定休日 / なし

100g415円。1本約1000円

やき豚

大石精肉店

厳選豚肉を備長炭でじっくりと

葵区常磐町界わいに戦前から店を構える「大石精肉店」は、今年創業97年を迎えた。初代から受け継ぐ老舗の味が「やき豚」。醤油と炭の香りに、なじみ客も多い。

明治・大正時代は家庭に冷蔵設備がないため、肉屋は秋冬の商売。肉料理と言えば牛鍋が中心だった。初代が「店を一年中開きたい」との思いから、横浜で見つけたチャーシューに着目。冷蔵庫要らずの保存食として焼豚を売り出したのが始まりだ。

焼豚づくりは代々、女性の仕事。厳選した国産豚のバラ肉やモモ肉を、醤油と砂糖を煮込んだ特製だれに漬け込み、備長炭でじっくり焼く。3代目大石善一郎さんの妻左智子さんは「一つ一つ部位が違い火加減も難しい。毎日が挑戦」と話す。

1日に作るのは100本前後。「特別ではなく、普段売るものだから丁寧に作っている」と語るのは善一郎さん。「スライスしてそのまま食べるのが一番」と薦める。

● 静岡市葵区常磐町2丁目7-8 ● TEL.054-252-1725
● 定休日／日曜・祝日

後方右は贈答用の牛肉味噌漬け、左が豚肉

牛肉、豚肉の味噌漬け

三笑亭本店

料亭の味を家庭で
甘い味噌仕立てが好評

明治中期創業の老舗料亭「三笑亭本店」。看板メニューは「すき焼き」だが、隣の精肉部で販売する「牛肉、豚肉の味噌漬け」も根強い人気がある。

惣菜用の味噌漬けは、豚肉は肩ロース、牛肉は国産の赤身を、特別に甘く仕立てた白味噌とみりんだけで作った味噌床に漬け込む。味噌と交互に重ねて味を染み込ませた肉は「焼きたてはもちろん冷めてもやわらか。味噌の酵母の効用でしょうか」と主任の川端祥弘さんは説明する。

豚肉は1枚303円、牛肉は864円。味噌を落としグリルなどで焼く。焦げ目が気になる場合はホイルに包んで蒸し焼きにしても美味。「今のような保存方法がなかった時代に、いかにおいしく保存するかという知恵が生んだ手法ですね」と川端さん。

注文による贈答用は、A4ランクの牛肉を使い、杉樽に詰めて5832円（3枚入り）。豚肉は3240円（6枚入り）でプラスチック製の樽になる。

- 静岡市葵区両替町2丁目2-2　● TEL.054-252-2136
- 定休日／日曜（祝日の場合は営業、翌日休み）

「富士丸くん」（左。抹茶入り、ほうじ茶入り）と「茶っふる」

茶っふる

茶町KINZABURO

県内茶産地の個性引き出し人気

お茶の香りが漂う葵区の茶町通り。茶問屋が軒を連ねる中ほどに、お茶と菓子の専門店「茶町KINZABURO」がある。2010年4月、現代に合う緑茶の楽しみ方を知ってもらおうと創業90余年の茶問屋、前田金三郎商店が開いた。

自家製スイーツと60種類の日本茶、和菓子、茶器が並ぶ。人気は抹茶入り生クリームをワッフルで包んだ「茶っふる」（1個110〜160円）。計8種類あり、中でも「天竜」「本山」「岡部」「川根」は各産地の抹茶の個性が引き立つ。「苦みが持ち味の天竜は生クリームだけ、優しい味の岡部にはカスタードも混ぜ、力強い本山には甘納豆、さっぱり味の川根にはあんこを入れた」と前田冨佐男社長は明かす。

ホワイトチョコレートを雪に見立てた富士山型のフィナンシェ「富士丸くん」（160円）は贈答用に喜ばれている。2階では11種類のお茶（無料）を、購入した菓子と共に味わえる。「ゆったりした時間を提案したい」と茶匠でもある前田さんは話す。

- 静岡市葵区土太夫町 27
- TEL.054-252-2476
- 定休日 / 水曜

1本80円から。中心に粒あんが入っている

アイスまんじゅう

飯塚製菓

自家製粒あんにマッチ かわいい花型アイス

旧東海道の面影を残す新通沿いに「アイスまんじゅう」の看板。「飯塚製菓」（飯塚克二店主）は半世紀以上前からアイスクリームを作り続けている。

一番人気の「アイスまんじゅう」は、中心に粒あんが入って1本80円。国産の原料を選び、自家製あんを加えながら手作業で成形していく。さっぱりとしたバニラにあんの甘みが絶妙だ。岡部産抹茶を混ぜた姉妹品「抹茶まんじゅう」（100円）も人気を後押しする。

戦後まもなく米菓子などの製造、卸業を始めたが、夏場の菓子もとアイスを手がけるようになった。しかし、市内に30店以上あったアイス屋も大手メーカーに押され数えるほどになった。

「時代に合わせて味を少しずつ変えてきた。最近は甘みを抑えてバターや生クリームで味を整える。安いだけじゃない。原料を吟味して皆さんに愛される商品を届けたい」と妻の節子さん。みかんアイスなど昔懐かしいアイスも約20種類そろえる。

- 静岡市葵区新通１丁目10-2　● TEL.054-253-0841
- 定休日／不定休

フレンチブルドッグのイラストが目印

フレンチどら焼き

MIKAWAYA

洋風のケーキ感覚 種類も豊富

本通りと平行して東西に走り、かつて家具などの生産拠点として栄えた「土手通り」。今も地名に面影を残す商店街の一角に、１９２３年創業の「ＭＩＫＡＷＡＹＡ」が店を構える。

開業時は和菓子屋だったが、2代目が洋菓子屋に舵を切った。14年前に店を継いだ3代目の杉本雅彦さんは、看板メニューとして「フレンチどら焼き」を売り出した。

「フレンチ」と名付けたゆえんは、「洋風ケーキのような感覚で食べてほしい」という願い。小豆だけでなく、抹茶やイチゴ、ショコラなど常時10種類ほどを備える。価格は１５０円。

クリームが皮に染み込まないように、冷蔵して一定の固さを保つ。冷やしても風味を損なわないように工夫された皮は、ホットケーキ生地にも似てふわふわだ。フレンチブルドッグが描かれた包装は、発売当初からのトレードマークだ。春には桜、夏には枝豆など季節限定の味も登場する。

- 静岡市葵区五番町 2-1
- TEL.054-252-1929
- 定休日 / 火曜

シフォンケーキのほか温泉卵や生の美黄卵もファンが多い

シフォンケーキ

清水養鶏場直売所

ふんわり口に広がる卵の風味

市の中心部から美和街道を進むと葵大橋の手前に「清水養鶏場」の直売所がある。「美黄卵」とその加工品を扱う。厚焼き卵や温泉卵に加え、隣の工房で焼く「シフォンケーキ」の人気が高い。

きめが細かくふんわり。一口で卵の風味が広がる。「生産者として卵のおいしい食べ方を追求したい。黄身の割合が多いので、卵の味がしっかりしている」と清水茂社長は話す。17cmホール（1080円）とミニカップ（430円）。数量限定のため、予約すれば取り置きも可能。温泉卵（6個310円）は黄身をやや堅めに仕上げ「箸で挟んで切って食べてほしい」（清水さん）。生卵（9～12個300円）は販売機で購入できる。

「鶏の健康が第一」と植物を中心にした自家配合の餌を使い、内容も公開。徹底した取り組みは全国的にも評価され、美黄卵は「しずおか食セレクション」に認定された。直売所の営業は8時30分～17時。通信販売でも購入できる。

- 静岡市葵区遠藤新田 41-3 ● TEL.054-296-0064
- 定休日 / なし

醤油ソースと西洋ワサビとの相性がいい

ローストビーフ

DON幸庵

20種の香辛料ブレンド うま味じんわり

浅間通り商店街にローストビーフの専門店「DON幸庵《こうあん》」がある。1970年に先代が同市内で精肉店を開き、惣菜販売やレストランを手掛け、2011年に、現在の場所に引っ越してきた。

27年前から看板を守ってきたのが自家製「ローストビーフ」。店主の鈴木達哉さんは「父が、帝国ホテルで食べた味が忘れられなくて始めたんです」と話す。コショウやターメリックをはじめ、20種類以上の香辛料をブレンドし、ブロック肉の表面に練り込む。半日置いて、ガスオーブンで1時間ほど焼いて仕上げていく。外側は香ばしく、肉のうま味が凝縮された味わいだ。

現在は店内でランチを出すほか、東京や大阪など百貨店で実演販売する。1年のうち30週は出掛けているそうだ。通信販売にも力を入れ、ローストビーフは冷凍せずそのまま冷蔵で発送。肉汁が出ないのが自慢だ。ローストビーフはサーロインが100g1296円。牛肉のしぐれ煮、ハンバーグも人気。

- 静岡市葵区馬場町 106
- TEL.054-251-7002
- 定休日 / 日曜・祝日

同封の絵葉書を立てて楽しむ「茶園」（右）。左は「いちえ」

干菓子・茶園

マルヒコ松柏堂鷹匠本店

若い感性とのコラボで 和菓子に息吹

静鉄新静岡駅から徒歩数分の通称北街道沿いにある和菓子店「マルヒコ松柏堂鷹匠本店」。どら焼きや上生菓子と並んで、桐箱入りの干菓子「茶園《さえん》」（1200円）が目を引く。

茶畑を模した干菓子が7本。6代目の杉山文観浩工場長がデザイナーの花沢啓太さんと組んで開発、2012年に静岡市の逸品「しずおか葵プレミアム」にも選ばれた。

素材は静岡産抹茶と砂糖、くず粉、かたくり粉。かりっとした歯応えの後、口の中でさっと溶け、ほろ苦さと甘さのバランスもいい。「そのままでもくず湯でも楽しめる。ホットミルクで溶かすのがお薦め」と杉山さん。1867年の創業。今の暮らしに合う静岡らしい菓子を、と試作を重ねる。メレンゲ生地で羊かんを挟んだ「いちえ」（1個190円）は、静岡デザイン専門学校との協働で生まれたもので、上品な形が慶事用に喜ばれている。駅ビルパルシェ店、曲金工場売店、インターネットでも販売。

- 静岡市葵区鷹匠 2-3-7 ● TEL.054-252-0095
- 定休日 / 月曜（祝日の場合は営業、翌日休み）

「小梅もなか」6個420円。後ろは「珈琲羊羹」「紅茶羊羹」

小梅もなか

駒形桃園

ユズの香、ほんのり 春告げる形

下町の風情が残る葵区駒形通の商店街。中ほどの3丁目に、四季折々の京干菓子や上生菓子を扱う和菓子店「駒形桃園」がある。正月から3月にかけては、春らしい「小梅もなか」がよく出る。

創業87年。3代目の橋本勲さんは、「季節の始まりを知らせるのも和菓子店の役目」と話す。紅白と緑、茶色の4色があり、紅白は青ユズが香る白あん、緑は宇治抹茶を練り込んだ抹茶あん、茶色はこっくりした甘さのこしあん。一口大でばら売りにも対応。年始回りや転勤のあいさつ、冠婚葬祭に喜ばれている。

注文を受けてからあんを詰める。担当の母幸子さんには、「あんと皮種がなじむ音が聞こえる」のだそうだ。お薦めの食べ方は「トースターで2分ほど温めて。皮種がぱりっとして香ばしくなります」。地元生産者や企業の素材を使った「紅茶羊羹」「珈琲羊羹」(各500円、小130円)は試行錯誤の末、濃厚な味を実現したという。

- 静岡市葵区駒形通３丁目 1-18
- TEL.054-252-2381
- 定休日／火曜

静岡土産のほか卒業、入学祝いにもぴったり

いちごかすてら

三坂屋本店

特産イチゴ「章姫」使い しっとり甘く

葵区の井宮神社向かい、通称安倍街道に面した一角に創業80年の和菓子店「三坂屋本店」がある。甘い香りが漂う店内で、春先に目を引くのが「いちごかすてら」だ。

久能の章姫イチゴと安倍奥の卵を使った生地はしっとり甘く、ほのかな酸味とピンク色が春らしい（1切れ185円、1斤1650円）。3代目の橋本加代子さんが「新しい静岡土産に」と発案し、父清田仁さんが熟練の腕で完成させた。「果汁を入れるため生地が沈みやすく、焼き上げるのに時間がかかる。試行錯誤でした」と振り返る。

2010年に静岡市のブランド「しずおか葵プレミアム」に認証され、評判に。ふんわり焼いた皮で生クリームや果物、あんを挟んだどら焼き「夢どら」（1個190円）も人気で、定番4種と季節限定3種がある。若い世代に和菓子に親しんでもらおうと工夫を重ねる。静岡伊勢丹、駿府楽市、エスパルスドリームプラザでも販売。

- 静岡市葵区井宮町 138　● TEL.054-271-2411
- 定休日 / なし

もちもちした食感も特徴。1個270円

ロッシー&バニラパン

池田の森ベーカリーカフェ

動物園の人気者を白パンで表現

日本平動物園へと続く道沿いにある「池田の森ベーカリーカフェ」では、2010年から動物園の人気者、ホッキョクグマのロッシーにちなんだ「ロッシーパン」の販売を始めた。今ではお嫁さんのバニラもいることからピンクのリボンをつけた「バニラパン」も登場し、子ども連れなどを中心に人気を集めている。

経営者の漆畑成光さんがデザイン。天然酵母を使った白パンで、もちもちした食感が特徴だ。目の部分はチョコチップ、レーズンを使った鼻の部分は立体的に膨らみ、表情も豊か。漆畑さんは「目と鼻の配置が一つ一つ異なり、味わいがある」と紹介する。

動物園内の猛獣館では、ロッシーとバニラが元気に泳ぐ姿が多くの人を和ませている。〝本物〟同様、パンも愛きょうたっぷりだ。カフェではほかに食パンやサンドイッチ、菓子パン、惣菜パンなどがそろう。2階はイートインスペースなので買ってすぐに味わうこともできる。

● 静岡市駿河区池田 1265 ● TEL.054-262-5580
● 定休日/火曜

1年中作る看板和菓子。150g280円

わらび餅

白憙久

焦がしきな粉の風味
通年ある看板商品

静岡市南部、東名高速道に程近い和菓子店「白憙久《しらぎく》」。焼津市内にある老舗で修業した小川益三さんが、50年ほど前にのれん分けし、現在は息子の健一さんと切り盛りする。

涼やかな和菓子が店頭を彩る初夏、店の一番人気はわらび餅だ。健一さんが15年ほど前に修業先から帰郷し、店に入ってから手掛けるようになった。

わらび粉と和三盆糖を混ぜ、半練りの状態で蒸すこと20～30分。冷やしたものに、焦がしきな粉をまぶして仕上げる。「きな粉が品よくひかれ、ほんのりした苦味も特徴」と健一さん。世代を超えて人気を集め、一年中作る看板和菓子となっている。

朝顔やせせらぎなど月替わりで季節を表現する上生菓子は小さな芸術品。愛用する茶道関係者が多い。冷たい水まんじゅうや白玉ぜんざいも好評だ。「伝統の味を守りつつ、一つずつ丁寧に作っていきたい」と、息子は父の職人魂を受け継ぐ。

- 静岡市駿河区宮竹１丁目4-3-1
- TEL.054-237-3723
- 定休日／第２･４水曜

左から丸子紅茶、紫芋と抹茶、ジャージーミルク

アイス、シャーベット

くまさん牧場

季節ごとに 地元の旬の味登場

由緒ある寺やギャラリーが点在する丸子路。「駿府匠宿」の裏手に牧場直営のアイスクリーム店「くまさん牧場」がある。同地で牧場を経営する熊ケ谷和彦さんが1997年に開店、直営型の草分けとして知られる。

一番人気はジャージー牛乳を使ったジャージーミルクアイス（340円）。「搾りたての牛乳と生クリームがベースなので、乳脂肪分や無脂乳固形分が高いのにすっきりした後味」と妻の恵さんは話す。

紅茶の風味がふんわり広がる丸子紅茶アイス（290円）は、地域にちなむ一品。丸子は国産紅茶発祥の地。生産者村松二六さんの紅茶を牛乳で煮立てて使用する。自家栽培のキウイやカボチャをはじめ、春はイチゴ、夏は広野産の桃、秋は柿、イチジクが登場。人工着色料や香料は不使用だ。

「地域の素材で数量は限られますが爽やかな味は格別」と恵さん。期間限定のシャーベット（280円）も好評だ。

- 静岡市駿河区丸子 3330-2
- 054-259-1993
- 定休日 / 水曜

食物繊維に富みヘルシーなところてん。寒天で作ったゼリーも好評

元祖結べるところてん

用宗のところてん

海藻厳選、磯の香と歯応え追求

用宗漁港近く、用宗2丁目にのぼりが目印のところてん専門店「用宗のところてん」がある。２００６年３月に寒天メーカー「大信」の直販所として開設した。

「作りたてを食べてもらおうと工場敷地内で無人販売していたが、補充が間に合わず、売店をつくることになった」と話すのは2代目社長の松本卓也さん。店を代表する商品が「元祖　結べるところてん」（４人分４００円）。結べるほどの弾力とほのかな磯の香りが「昔ながらの味」と人気を集める。

父で創業者の範雄さんは海藻（テングサ、オゴノリ）を厳選し、抽出技術を高めてプリプリした歯応えを追求してきた。「顧客の大半が口コミとリピーター」と卓也さん。甘みがよく合うサイコロ形の「サイコロ寒天」（４人分５００円）もぷりっとした食感が喜ばれている。スイーツ好きには「紫いもゼリー」、「りんごゼリー」も好評だ。毎年3月中は開店記念のイベントを開催している。

- 静岡市駿河区用宗２丁目 15-31　● TEL.054-259-2234
- 定休日／なし

ロースのスライスと、脂がのった肩ロース

部位を選べる焼き豚

増田焼豚本舗

食感しっとり お土産にも好評

駿河区を南北に走る通称大浜街道沿いの焼き豚専門店「増田焼豚本舗」。バラ、肩ロース、ロースの3種類があり、カウンターで好みの部位と重さを言うと、その場で切り分けてくれる。香ばしさとしっとりした食感が好評だ。

増田壮太郎店長が、「一番人気は肉の味の濃い肩ロース。ラーメンやチャーハンにはバラ、さっぱり好みならロース」と勧める。お土産にも喜ばれ、口コミで顧客が広がったという。3種とも100g480円。モモやフィレも注文を受けて焼く。

昭和29年に鳥肉店として創業。2代目の父が早世し、3代目の長男孝信さんが精肉卸業を引き継いだ。次男の壮太郎さんが店舗部門を担当している。先代から受け継いだ自家製たれに漬け込み、専用釜でじっくり焼く。「良質の塊肉をロスなく調達できるのが卸の強み。焼く際は火加減に最も気を遣う」と壮太郎さん。惣菜も100種類をそろえ人気を集めている。

● 静岡市駿河区馬渕4丁目16-16　● TEL.054-287-1599
● 定休日／日曜・祝日

あんの甘さを引き立てる塩加減に特徴がある

豆大福

松木屋

半世紀変わらない塩加減

葵区の市民会館通り商店街に戦前から店を構え、先日閉店した御菓子処・松木屋。人気の「豆大福」を惜しむ声が聞かれたが、駿河区にある西脇店で今もその味は健在だ。

3代目店主の松木留雄さんが看板商品だと自負する、赤エンドウを使った豆大福。まだ豆大福が珍しいとされていた45年以上前から販売を始め、今でも固定客が多い。

「粒あんの甘さを引き立てる塩加減を守っている」と松木さん。「昔に比べて多くの店で手に入るが、松木屋ならではの塩っぽい味は昔のまま」と胸を張る。粒あんを入れずに塩味を効かせた豆餅は、三角形がユニークだ。

江戸時代から〝隠れ東海道名物〟として、葵区古庄地区を中心に受け継がれてきたこしあん入り「うさぎ餅」も販売している。豆大福は1個115円、豆餅は8～10個入りの1パックが380円。

- 静岡市駿河区西脇 1058-1 ● TEL.054-284-2955
- 定休日 / 水曜

うみえ〜る焼津や東名日本坂PAでも買える

真鯛のかま味噌漬、なまり節

ぬかや斎藤商店

真鯛のうま味存分に
アレンジも多彩

焼津市の八雲通りは、明治期の文豪ラフカディオ・ハーン（小泉八雲）が滞在した住居跡にちなんで名付けられた。かつては浜通りと言われ、家々や看板に趣がある。その中ほどにある、江戸時代から続く「ぬかや斎藤商店」では「真鯛《まだい》のかま味噌漬」が好評だ。

店主の斎藤五十一さんが１９９５年に開発。「当時この地域で真鯛の加工をしていたことから思い付いた。活け締めしたばかりの国産養殖真鯛を特製味噌に漬け、数日寝かせると味がなじんで一層おいしい」。甘めの味噌漬けに対し、ハーブ塩をまぶした「真鯛のかまハーブ漬」は網焼きやホイル焼き、バター焼きも合う。どちらも５切れで９１８円。味噌漬けは一回り大きい特選タイプがあり１０８０円で販売する。

焼津に水揚げされたカツオを使う、なまり節もお薦め。やわらかくうま味十分で一節５９４円。新玉ネギとのサラダ、マヨネーズであえてサンドイッチと用途は広い。

- 焼津市城之腰 109-1
- TEL.054-628-4239
- 定休日 / 不定休

「かつおのはらも天日干し」（真空パック）は216円

かつおのはらも

カネオト石橋商店

焼いてより香ばしく ご飯も進む

焼津市の浜通りは、焼津の水産加工業発祥の地と言われ、現在も随所に往時の面影を残す。なまり節製造販売の「カネオト石橋商店」は、その浜通りから小路を入った場所に立ち、カツオを切り、ゆで上げる様子が網戸越しに見える。

焼津はカツオの水揚げで日本一を誇る。カツオ節、なまり節、つくだ煮などの加工業はカツオ漁と一緒に発展してきた。アラは潮汁《うしお》、内臓は塩辛、へそ（心臓）はみそ煮やおでんに。加工後の残渣《ざんさ》をおいしく食する文化も自然と生まれた。

腹の肉にあたる「はらも」もその一つ。亀節と呼ぶなまり節やカツオ節を製造する際に出る。脂質が多く、味わい深い。「焼くと香ばしく、ご飯も酒も進みます」と店主の石橋利文さん。常時用意しているのは、塩漬けして干した「天日干し」と、薄塩処理してゆでた「炙（あぶ）って‼」（324円）。軽く焼いた「炙って‼」は石橋さんのイチ押しだ。

- 焼津市城之腰 91-5
- TEL.054-628-2920
- 定休日 / 土曜・隔週火曜（HPの営業日参照）

トロ箱入りは5枚648円から45枚5184円まで

かつおサブレ

角屋（かどや）

漁まち・焼津らしさ 形や包装にも

焼津市役所から南に入った昔ながらの商店街神武通り。老舗の菓子店「角屋」は和菓子と洋菓子を手広く取りそろえ、幅広い年齢層の客が訪れる。

中でも人気の一品が、焼津特産のカツオの形をした「かつおサブレ」1枚108円。サクサクした食感とバターの香りが特徴で、30年前に焼津に立ち寄った漁師から「焼津らしいお土産はないか」と尋ねられたことがきっかけで開発した。

「縞模様など、カツオらしさを表現するのが大変だった」と3代目店主の松村久史さん。魚骨カルシウムを配合するなど試行錯誤し、改良を加えてきた。パッケージにも焼津らしさがいっぱい。

港で魚の水揚げに使う木箱「トロ箱」を模した厚紙の菓子箱を作り、焼津ならではの「鰹縞《かつおじま》」を包装紙に取り入れた。バレンタインや新茶の季節には限定品も登場する。「かつおサブレは今年で30周年。これからも焼津の文化や人情を伝えたい」。地元漁業の隆盛を見て育った店主ならではの発想だ。

- 焼津市本町5-7-8
- TEL.054-628-3870
- 定休日／水曜

食べやすいスティック状。5個1080円

酒粕チーズケーキ

ラ・フォセット

男性ファンも多い 地酒が香るケーキ

夏は荒祭り、正月は初詣と四季折々に焼津市民が足を運ぶ焼津神社。境内を出て通りを少し西に進むと、落ち着いたたたずまいのフランス菓子店「ラ・フォセット」がある。

ケーキや焼き菓子が並ぶ中、来店者の目を引くのが、酒粕を使った「酒粕チーズケーキ」。4年前から販売し、男性のファンも多いという。焼津の地酒「磯自慢」の大吟醸の酒粕を使用。チーズにはくせのないカッテージチーズを合わせ、酒粕が引き立つよう工夫した。時間をかけて焼き上げ、中身はなめらか、外側はさっくりとした歯応え。酒粕の小さな粒の食感が楽しく、形は食べやすいスティック状だ。

風味を逃さないようにと、店頭では冷凍で販売している。解凍した後に食べると、酒粕の香りが程よく口に広がる。

同店は2000年に開店。地元出身の店主近藤裕俊さんは「地元の食材で新しい菓子を作りたかった。焼津のお土産にしてほしい」と話す。

- 焼津市焼津２丁目13-7　● TEL.054-621-5555
- 定休日／火曜

漁師伝統の調理法で作った。1パック（1袋）486円

特製こだわりカツオの塩辛

魚池

漁師の伝統手法で
後引くおいしさ

焼津市役所大井川庁舎から南東に走ると、左手にのぼり旗や大漁旗が見えてくる。マグロの胃袋を使ったカレーやマグロのへそ（心臓）を使ったコロッケなどを生み出してきた魚店「魚池」（池谷志郎店主）。２０１３年８月に発売した「特製こだわりカツオの塩辛」が話題となっている。

保存料や添加物を一切使わず、材料は塩とカツオの胃袋、発酵を促すためのハラモだけ。流水をあてて胃袋を手で丁寧に切り、３カ月間毎日かき混ぜて仕上げる。生臭さが少なく、塩辛さが後を引く一品。白米にも酒にも合い、箸がどんどん進む。店主の兄で漁師の吉保さんが漁師伝統の調理法で作っている。

もともと自宅用に作っていたが、質の高さから商品化を決めた。１袋（１００g入り）作るのにカツオを３匹使うなど高級感も漂う。池谷店主は「カツオの塩辛が苦手な人からも好評。機械で作ったものとは全く違う」と出来栄えに自信をのぞかせる。

- 焼津市吉永 823-1 ● TEL.054-622-4306
- 定休日 / 火曜

1個292円、3個870円

長寿柿

紅家

干し柿と白あんの甘みが調和

旧東海道に沿って延びる藤枝市の藤枝宿上伝馬商店街にある、江戸初期から続く和菓子屋「紅家」（紅粉屋久右衛門）。店主飯塚正さんが「長寿柿」とともに老舗の看板を守る。

長寿柿は30年前、飯塚さんが「フルーツの自然の甘みを生かした和菓子を作りたい」とドライフルーツに着目して考案した。干し柿が和菓子の原点と聞いたことが頭の隅にあったという。

手作り、無添加が信条。長野県から「市田柿」の干し柿を取り寄せ、種を出して中に白あんを詰める。練り羊かんに浸し、最後に氷餅を振りかける。名前は徳川家康が藤枝宿を訪れた時、「藤八の柿がうまい」と褒めたという逸話から、長生きの家康にあやかって付けた。

イチジクにさらしあんを詰めた「一寿」、甘酸っぱいアンズと粒あんが絶妙な味わいを出す「杏寿」と今では姉妹品も。夏は冷やして食べたら一層おいしく味わえるという。

- 藤枝市藤枝４丁目1-9 ● TEL.054-641-9071
- 定休日／水曜

史跡の復元建物にヒントを得て商品化

しだぐんが和っふる

カフェげんきむら

古代の史跡にちなむ ワッフル3種

藤枝市南新屋の旧東海道に程近い住宅街。青島北公民館に隣接する「カフェげんきむら」では、地域に残る古代の郡役所史跡「志太郡衙《しだぐんが》跡」にちなんだワッフル「しだぐんが和っふる」を販売している。志太郡衙跡にある復元建物の柱や格子の形から、深い凹凸が付いたワッフルを連想。和テイストの持ち帰り商品として1年前に考案した。

甘さを抑えた素朴な生地に、ざらめ砂糖、干しぶどう、落花生を練り込んだ3種の味。3個セットで100円。店内で出している本格的なワッフルより小ぶりで、子どもからお年寄りまで駄菓子感覚で味わえる。

店は障害者の活動を支援するNPO法人が運営し、包装デザインやラベル印刷は系列のアートスタジオやプリント工房が担う。責任者の中川正人さんは「抹茶生地2個、こうじ味噌生地1個に甘納豆を練り込んだ和っふるも新しくできた。気軽につまんでほしい」と話す。

- 藤枝市南新屋 11-16
- TEL.054-645-8788
- 定休日／日・月曜

「みそ」「塩糀」「黒豆みそ」3種類。1個310円

発酵食品のジェラート

かど万米店

塩麹、味噌風味でひんやり

江戸時代の風情を残す旧東海道岡部宿の街並みに、長いひさしの日本家屋に「糀《こうじ》」の看板が印象的な「かど万米店」がある。2年前に、自家製の発酵食品を使った3種のジェラートを発売、口コミで人気を集めている。

食材のうま味を引き出す調味料として注目された塩糀をはじめ、味噌、黒豆味噌をフレーバーとして使い、ジェラートの製造を手掛ける柚子庵（富士市松岡）の協力で商品化した。塩糀は強い塩気を甘酒などの配合で抑え、ミルクジェラートの風味を引き立てる。味噌のジェラートはキャラメルのような香ばしさを出し、ほんのりと薄紫色に仕上がった黒豆味噌は豊かなコクが楽しめる。

1個310円。数量限定のため予約が確実だ。開発を担当した同店の5代目増田阿希子さんは「発酵食品は体にいいし、子どもからお年寄りまで食べやすい。ひんやりした食感を楽しみながら、夏の暑さを乗り切って」と話す。

- 藤枝市岡部町内谷 633-5
- TEL.054-667-0050
- 定休日 / 日曜

地元産のヨモギがたっぷり。3個入り340円

よもぎまんじゅう

ふれあい 四季の里

ヨモギの香り爽やか 粒あんもたっぷり

川根本町下長尾の国道362号沿いにある「四季の里」は、女性だけで切り盛りする特産品販売所。人気の「よもぎまんじゅう」は、地元のヨモギと小麦粉で作った肉厚の皮に粒あんをたっぷり包み、爽やかな香りとほどよい甘みが楽しめる。

28年前の開店当初からの看板商品。原型は、当時、運営会社「ふれあい」(嶋育子代表)の社員の一人が、茶摘みのお手伝いさんに提供していたおやつだという。

嶋代表は「町外に住む人が帰省で戻った時に、子どものころに食べた懐かしい味を求めて立ち寄ってくれるのがうれしい」と話す。住民が摘んで持ち寄ったヨモギを買い取り、まんじゅうやきんつば、ホウ葉もちなどにも活用。農協婦人部の朝市をきっかけに開店した店内には、農家から委託販売を受けた野菜や住民の手芸品、オリジナルのヘチマ化粧品など約500点が並ぶ。「ここへ来れば川根の土産がそろう」と観光客にも評判だ。

- 榛原郡川根本町下長尾 477-4
- TEL.0547-56-0542
- 定休日 / なし

抹茶、プレーン、コーヒー味の「生くりーむ大福」。1個160円

生くりーむ大福

龍月堂

あんと生クリームの食感が人気

ＪＲ島田駅から東に約５００ｍ、市の中心街、本通６丁目の老舗菓子店「龍月堂」（増田峰男さん経営）。看板商品の一つは「生くりーむ大福」だ。あんこと生クリームが溶け合う食感が人気で、35年前からのロングセラーとなっている。

もとは地元名物「小まん頭《じゅう》」に、生クリームをつけて、別々に食べていたという。ある時「それならいっそのこと一緒にしてみよう」と商品化。クリームとあんのバランスは、消費者が好む味になるよう何度も改良を重ねた。

店には約１００種類もの商品が並び、最中「島田帯」、ロールケーキ「しまだっちゃ」、チョコレートケーキ「ほうらい橋」など地元にちなむ名前が多い。「お土産に買っていただければ、島田をPRできる」と、ここにも愛郷心がのぞく。

最近は黒あん入りと白あん入りがある「カリント饅頭　唐変木《とうへんぼく》」１００円も人気で、買い求めるお客さんが遠方からも来るそうだ。

- 島田市本通６丁目 7847　● TEL.0547-37-3297
- 定休日 / 火曜

慶弔やお土産にも人気。1個110円

花まんじゅう

土屋餅店

紅と黄色が鮮やか
昔懐かしい味

「土屋餅店」は、創業100年を超える和菓子の老舗。旧東海道沿いを訪れる観光客がレトロな店構えをのぞいて歩く。4代続く同店の看板商品が「花まんじゅう」だ。

まんじゅうのてっぺんに、紅と黄色に着色したもち米を散らすのがポイント。上新粉で作った厚めのやわらかな皮に、こしあんと粒あんを包んだ2種類を販売する。添加物不使用で日持ちはしないが、作りたての温かい味にこだわる。

店を切り盛りするのは、同店に生まれ育った次女と長男、三女の姉弟。職人と店番を担う次女の浅原紀子さんは「秘伝のレシピを基に、創業時の味をずっと守っている」と話す。砂糖の量を調節して作るあっさりしたこしあん、コクのある粒あんは「昔懐かしい味」と地元ファンが多く、慶弔や土産用にと買い求めていく。

ほかにも「そでふり餅」や赤飯、団子、菱もちなど、オリジナルの約30種類が季節ごとに店頭に並ぶ。

- 島田市金谷河原 2117-1
- TEL.0547-45-2826
- 定休日 / 不定休

卵の風味ととろりとした食感が特徴。1個205円

しまだぷりん

おほつ庵

幅広い世代に愛される 滑らかな口当たり

商店や民家が点在する島田市立島田第二小南側の一角にたたずむ「おほつ庵」。1日限定120個の「しまだぷりん」は子どもから大人まで幅広い世代に人気の名物だ。

「地元に根付き、島田という土地をアピールできるように」となじみやすいプリンでネーミングにこだわった。さっぱりとした甘さの中に濃厚な深みがある氷砂糖を牛乳に溶かし、できるだけ地の卵の卵黄だけを使用。120度のオーブンで1時間半かけてじっくり焼き上げる。滑らかな口当たりとカラメルのほろ苦さが絶妙な味わいを醸し出す。

もともと祖母が駄菓子屋を営み、親が和菓子の卸業をしていた大津仁彦代表は高校卒業後、和菓子職人になろうと東京で修業。15年前に開いた今の店は「小さいお子さんが食べられる安全なものを」をモットーに素材を選び、保存料なども使わない。こうした思いは看板商品の生クリーム入りどら焼き、大福などにも生かされている。

● 島田市中溝町 2428-1　● TEL.0547-37-5448
● 定休日 / 水曜

看板商品のコロッケは俵形。奥はイカメンチ

コロッケ

安藤惣菜店

真心こめた手作りで昔ながらの味

島田市役所から南西に徒歩3分ほど。普門院の北側から香ばしい匂いを漂わせるのが「安藤惣菜店」だ。地元では「アンチョウさん」の愛称で親しまれる。

看板メニューはコロッケ。北海道産ジャガイモを使った昔ながらの味は、毎日行列ができる人気。全て手作業ですりつぶすため体力勝負だが、その分、真心がこもる。

店主の安藤かほるさんの兄節雄さんが終戦直後、20代で店を構えた。料理を手ほどきしたのは父長次さん。長次さんはやり手の板前で、1952年の今上天皇の立太子礼で料理の腕をふるった。長次さんが「アンチョウさん」の由来だ。

30年ほど前に店を引き継ぎ、味を守るかほるさんは「お客さんが毎日並んでくれたり、『子どもがここのコロッケしか食べない』と言ってくれたりするのがうれしい」と笑顔をみせる。コロッケ95円をはじめ、メンチカツ80円、イカメンチ95円、ギョーザ40円(各1個の値段)なども人気商品。

- 島田市扇町 4-10
- TEL.0547-35-1680
- 定休日 / 日曜(祝日の場合は営業)

6個入り1055円から

川根大福

加藤菓子舗

川根茶入りも人気
今や町の名物に

大井川東岸に位置する川根町身成の県道沿い。川根中、消防分遣所、JA支店などがある地区に、「加藤菓子舗」(加藤道郎さん経営)の和洋菓子店・菓子道はある。

看板商品は「川根大福」。生クリームを国産大豆のこしあんと、ふんわりしたもちで包んだもので、生クリームと皮にパウダー状の川根茶を混ぜた「川根茶生大福」もある。

小学生の時に静岡市で食べたシュークリームの味が忘れられず、島田商高卒業と同時に菓子職人の道に進んだ加藤さん。修業後、川根町家山で開店。2002年に身成地区へ移り同店を開いた。

1日に平均800~千個ほど売れる20年来のヒット商品。今では北海道や沖縄からも注文が入る。

加藤さんは「あのシュークリームのおいしさを和菓子で表現したいと思ったのが出発点」とふり返りつつ、「お客さんに支えられてここまで来た。今後も変わらない味を作り続けたい」と話す。

● 島田市川根町身成 3530-5　● TEL.0547-53-2176
● 定休日 / 月曜(祝日の場合は営業、翌日休み)

1袋330円。特に女性のファンが多い

サツマイモ本来の味広がる

芋まつば

松浦食品

東名吉田インターから南西に約3・5㎞。国道150号をさらに南に外れると、大きく「芋まつば」と書かれた黄色い看板が現れる。吉田町住吉の「松浦食品」の創業（1948年）当初からの人気商品が、サツマイモのかりんとう「芋まつば」だ。

サツマイモは鹿児島県の契約農家から仕入れた、でんぷん質が高く色合いの良い品種「黄金千貫《こがねせんがん》」のみ。油はイモがあっさり、カラッと揚がるスーパーキャノーラ油を使う。「サツマイモと油の本来の味を楽しんでもらうために」と、砂糖は少なめに。甘さ控えめでサクッとした食感が食欲をそそり、ついつい次の1本に手が伸びる。

2代目の松浦善広社長は「創業時から変わらない製法で、上質なサツマイモと油にこだわった。子供から大人までスナック感覚で楽しめる昔ながらのお菓子」と自信を持って紹介する。サツマイモをスライスした「芋せんべい」も好評だ。工場直売店は年中無休。営業は午前9時～午後6時。

● 榛原郡吉田町住吉 1425-5　● TEL.0548-32-0717
● 定休日／なし

静岡県 西部

愛知県 豊橋市

牧之原市
御前崎市
菊川市
掛川市
森町
袋井市
磐田市
浜松市
湖西市
愛知県豊橋市

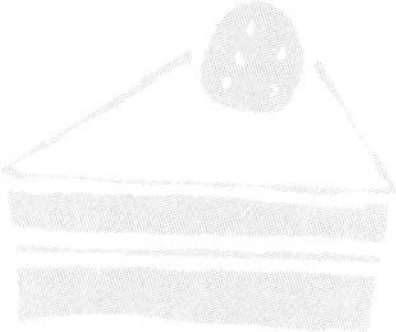

11〜3月の季節限定。1切れ630円から

サワラのみそ漬け

藤田海産物

味わいまろやか 冬季限定

牧之原市の相良海岸から約500m。潮風がそよぐ同市福岡の一角に、瓦屋根に白壁の風情ある建物がある。シラスや干物などを販売する「藤田海産物」だ。贈答用に人気が高いここの「サワラのみそ漬け」は、11月から3月の旬の時期にしか味わえない貴重な一品だ。

駿河湾産を主に、国産の新鮮なサワラを3枚におろして塩を振り、一昼夜寝かせる。翌朝、酒洗いをし、信州の白味噌とみりんで漬け込む。3日ほど置いて味がしっかり染み込んだサワラは、炭火で焼いて味わうと、味噌の香ばしさとみりんのまろやかさが口の中で広がる。身が締まったサワラならではの、ふんわりした食感も楽しめる。

相良藩主で江戸幕府老中を務めた田沼意次が愛したとされる味噌漬けは、保存食として今も相良周辺で親しまれる。藤田明社長は「刺し身で味わえるほど新鮮で、脂の乗ったものだけを使い、手作りにこだわっている」と話す。

- 牧之原市福岡 82　● TEL.0548-52-0433
- 定休日／月曜

大きさによって1個108～1512円

亀まんじゅう

かめや本店

縁起物として評判に
大小7種類

御前崎市中心部の老舗菓子店「かめや本店」。地元の豊かな自然のシンボルでもあるアカウミガメからヒントを得て生まれた「亀まんじゅう」は、長く市民に愛される看板商品だ。今では縁起物として、全国からも注文が寄せられる。

パン屋として1948年に創業。亀まんじゅうの歴史は、初代の笠原良一さんが49年、店頭の正月飾りとして作ったのが始まりだった。偶然見かけた住民から求められて譲ったのをきっかけに、口コミで評判が広まり商品化。現在は全長8㎝から23㎝まで7種類を用意。大きいサイズは職人の手作りで、3代目の笠原俊哉さんは「作り手によって、よく見ると亀の表情が違ったりしますよ」と打ち明ける。

自家製あんには十勝産小豆を100%使うなど、素材にもこだわる。最も売れるのは年末から成人式までの時期。敬老の日や出産祝いのお返しにも好評だ。周辺観光施設や駅、静岡空港などの売店でも扱っている。

- 御前崎市池新田4110-4
- TEL.0537-86-2125
- 定休日／なし

シングル300円、ダブル350円、カップ350円

ジェラート

イタリアンジェラート・マーレ

新鮮な牛乳ふんだんに
人気はシラス味

御前崎市を代表する観光施設・御前崎海鮮なぶら市場の一角に、ジェラート店「イタリアンジェラート・マーレ」がある。

14種類の味が並ぶ中でも、目玉はシラス味。1997年の開店当初からの看板メニューで、御前崎港に揚がった地元のシラスを使う。牛乳ベースのジェラートにシラスの食感と風味が加わり、絶妙なバランスが話題となっている。

味はミルク、小豆、チョコチップなどの定番以外に、季節限定のイチゴ、煎茶、紫芋なども。店長の岡村歩美さんは「新鮮な牛乳をふんだんに使っています」と太鼓判を押す。いずれも店内で、牛乳や砂糖などの配分に気を配って作った商品で、「着色料や香料など添加物は入っていません」とアピールする。

最も人気のシラス味をはじめ、ワサビやクリームチーズ、抹茶味などが売れ筋。4~5人分の持ち帰りパック(1400円)もあり、地方発送も受け付ける。

- 御前崎市港 6099-7 ● TEL.0548-63-5963
- 定休日 / 火曜(祝日の場合は営業)

1個147円。JR掛川駅内の売店でも購入できる

しろした焼

えびら堂

こくのある甘い皮で 小豆と求肥挟む

菊川をまたぐ生仁場橋の東側にある「えびら堂」は、創業70年を超える老舗の菓子処。菊川市嶺田の住宅街の一角で、3代目店主の杉田岳人さんは父母と3人で店を切り盛りする。

どら焼きのような見た目の「しろした焼」は店の看板商品。2013年11月に地元の隠れた逸品を対象にした菊川地域ブランドの認定を受け、贈答品としても人気が高い。「しろした」はサトウキビを煮詰めて作る赤砂糖のこと。約20年前、旧小笠町商工会が取り組んでいたサトウキビの特産品化に合わせて売り出した。卵やハチミツなどでつくる生地の原料に、「しろした」を加えることで、こくのある甘さを含んだ皮が出来上がる。

小豆と求肥《ぎゅうひ》を手作業で一つ一つ皮で挟む。杉田さんは「ポイントはあくまで皮の風味。昔から変わらない、完成されたしろした焼を楽しんでほしい」と話す。店内にはかしわ餅など和菓子のほか菊川茶を使った洋菓子も並ぶ。

- 菊川市嶺田 949 ● TEL.0537-73-2109
- 定休日 / 月曜（祝日の場合は営業、翌日休み）

1個95円。自家製のこしあんとパリッとした皮が特徴

かりんとう饅頭

献上菓舗大竹屋

皮はパリッ、あんの風味広がる

菊川市役所のすぐ近く、菊川駅南新町商店街の一角に創業100年余の老舗和菓子店「献上菓舗大竹屋」がある。数ある和菓子の中で、看板商品は「かりんとう饅頭」だ。

良質の小豆を使った自家製のこしあんが最大の特徴で、黒糖入りの皮であんこを包み、米油で揚げている。皮はパリッとした食感で、中は滑らかで風味の良いあんこ。土日は1日千個販売することもあるという。

「材料はどこにも負けない良質な物を使っている」と力を込めるのは3代目店主大竹秀一郎さん。店内の和菓子のあんはほとんど自家製で、原料の砂糖は良質の「鬼ザラ糖」を仕入れている。「アイスかりんとう饅頭」(1個95円)のほか、桜あん入りやイモなど季節によって変わるかりんとう饅頭もある。

高級小豆・丹波大納言を使った「菊川もなか」(1個216円)、世界遺産富士山「菓匠　惣太郎」(1814円)など、豊富な商品が来店者の目を引く。

- 菊川市半済 3135　● TEL.0537-35-2339
- 定休日 / 水曜（月２回）

フルーティーな味わい。1本162円

くずシャリ

桜屋

半解凍ゼリーの食感 くず粉で再現

菊川市役所の向かいに店を構える老舗菓子店「桜屋」。1915年創業の同店で10年以上ロングセラーを記録している看板商品がある。新鮮な果汁のおいしさをギュッと凝縮したアイスキャンディー「くずシャリ」だ。

菊川産イチゴや三ケ日ミカン、静岡茶などを使った全7種類。くず粉ベースの凝固剤を使い、時間がたっても溶けないのが特徴。ゼリー状になったものを再び凍らせれば、元のアイスが復活する。

考案した工場長の佐竹弘士さんは、「給食で出た半解凍ゼリーの食感が忘れられず、商品化を思い付きました」と話す。市内のイチゴ農家を回っていた時、収穫前に完熟した実は流通に向かないと聞き、ならば地元で加工しようと考えた。酸を含んだ果汁をやわらかく固めるには、くず粉が最適だった。必要に応じて火を入れつつ、生っぽさを保つのが難しいという。熟練したスタッフが、シンプルな味付けでフルーツ本来のうま味を引き立てる。

- 菊川市半済 3127
- TEL.0537-35-2307
- 定休日 / なし

片栗粉ときなこの2種類。1個120円

振袖餅

もちや

やわらかい口当たり あっさり甘いあん

掛川市葛川の旧東海道沿いに一里塚の石碑が建つ。その向かいにあるのが菓子処「もちや」で、「振袖餅」はここでしか手に入らない。

店主の鈴木定雄さんによると、旧東海道沿いでもちを売っていたのは約200年前から。当時は五文で買えたもちとして「五文どり」と呼ばれていたという。大福もちを着物の振袖の細長の形にあしらったのが振袖餅の名前の由来。名付け親は不明だが、掛川の名品として県内外のファンが買い求めにやって来る。

新潟県の米と北海道十勝の小豆を使った手作りの味が特徴で、毎朝一つ一つ手作りする。つきたてならではのやわらかい口当たりと、あっさりした甘さのあんこの味が、食欲をそそる一品だ。

地域のソウルフードともいえる味を支えている定雄さんは、店の7代目。「仕事は飽きないで一生懸命やり、お客さんの身になるのが一番です」と話す。

- 掛川市葛川 228-1　● TEL.0537-22-4833
- 定休日 / 水曜・第 3 木曜

15個入り525円

柚子小最中

桂花園

秘伝の柚子あん
上品な味と香り

掛川市の旧東海道から今の商店街通りに入る場所に、趣のある和風の建物がある。看板の「丁葛」の文字は、桂花園のくず湯商品の登録商標だ。和菓子店として本格的に商いを始めたのは明治期。粉末状のくずに砂糖を加えて商品化した。現在は生姜や柚子、ウコンなど12種類をそろえる。

この銘菓「丁葛」に劣らぬ人気を誇るのが「柚子小最中《ゆずっこもなか》」。紅白の梅をかたどった自家製の薄皮に、秘伝の柚子あんがたっぷり。豊かな香りと上品な味に、ほおが落ちる。本柚子の皮は一つ一つ丁寧に手でむき、昔からの製法を守っている。

中村和人代表取締役は「こだわりはない。親がやっていたことを続けているだけ」と、飾る言葉はない。多くの手仕事を残し続けていることが、個性あふれる商品の味わいにつながっている。伝統の味の継承には、首都圏で修業中の長男祐樹さんも加わる予定。

- 掛川市仁藤町 10-1　● TEL.0537-22-2607
- 定休日 / 水曜

口に入れると肉の持つ甘みが広がるロースハム

ロースハム

大石農場ハム工房

自家飼育の豚100%
広がる肉の甘み

遠州灘の潮風が香る掛川市沖之須の国道150号沿線に、洋菓子店のようなしゃれた造りの建物がある。ハム・ソーセージ専門店「大石農場ハム工房」。自宅で飼育した豚肉を使って、本場ドイツ仕込みの手法でハム類を製造している。

開店は2008年9月。ドイツでの修業経験もあるオーナー大石善弘さんが、家業の養豚業を手伝いながら念願だった店を開店させた。ハムは10日間以上塩水に漬け、日本人が好む桜の木のチップと一緒にスモークさせる。中でもオーナーのイチ押しはロースハム(100g600円)。自宅の農場で育てた豚を100%使用し、丹精込めて作り上げている。

4年前にドイツのコンテストで金賞を獲得した、角切りハムとピスタチオが入った「ビアシンケン」(100g500円)も好評。大石さんは「エサが違うと肉質も変わる。育てる段階から気を配っている」と妥協を許さない。オーナーのプロ意識が高品質を支えている。

● 掛川市沖之須451-3　● TEL.0537-48-5618
● 定休日／火曜

ラスクよりクッキーの食感に近い

遠州ヨコスカ・クーヘンラスク

鶴田屋本舗パンの郷

バウムクーヘンの耳が人気の逸品に

掛川市の横須賀城跡公園そばに本店を構える「鶴田屋本舗パンの郷」。開店から17年目を迎える同店が15年目に発売し、人気商品として話題を集めたのが、〝まかない飯〟ならぬ〝まかないおやつ〟から生まれた「遠州ヨコスカ・クーヘンラスク」（90g入り440円）だ。

もとになったのは、2010年に発売したバウムクーヘン「遠州ヨコスカ・ラムクーヘン」の耳。パサパサして試食用にも使えず、もったいないと店員がおやつに食べていたが、シュガーバターを塗って焼いたところ大変身。看板商品に躍り出た。

「クッキーのような味と食感が魅力。幅広い年代に味わってほしい」と話すのは、開発者の一人で本店マネジャーの栗田典子さん。

女性スタッフの手作りで、パン窯の余熱を利用して1日40パックほど焼いている。日持ちもするのでお土産にもぴったりだ。JR掛川駅や新東名掛川パーキングエリアでも販売されている。

● 掛川市山崎 63　● TEL.0537-48-2136
● 定休日／なし

駿河シャモのハムとスモーク各種約500～1700円

駿河シャモのハムとスモーク

草笛の会だいとう作業所

しこしこ食感と
シャモ特有のうま味

掛川市南部を走る国道150号。菊川に架かる橋を西へ渡ってしばらく行くと側道の脇にひっそりと立つ建物がある。ここが社会福祉法人「草笛の会」のだいとう作業所。静岡生まれの駿河シャモを育て、ハムやスモークを販売する。

駿河シャモは黒シャモをベースに比内鶏や名古屋コーチンなど7種類を掛け合わせた県内種。肉の締まりが良く、歯応えとまろやかな味わいが特徴。同作業所は餌に粉茶を混ぜ、竹粉から発酵させたヨーグルトを入れるなど肉質向上に努める。

牧之原市の業者の協力を得て加工する商品は、全7種類。手羽元のスモークは弁当サイズでご飯にぴったり。砂肝やレバーの入ったモツのスモークは酒がよく進む。「徹底した温度管理で育った鶏の肉は適度な脂を含み、多様な用途に使える」と岡本千司施設長。400～450羽を飼っているが、月ごとに加工できるのは良質な20羽程度で、商品は貴重な存在だ。

- 掛川市浜野 2551-1　● TEL.0537-72-7211
- 定休日 / なし

甘さ控えめでふんわりした食感が人気

おおむらロール

大村園

抹茶の生地で包んだ風味豊かなムース

掛川城から東へ約1km、閑静な住宅街の一角に1955(昭和30)年創業の老舗茶問屋「大村園」がある。店頭には「おおむらロール」と書かれたのぼり旗。2009年から売り出しているオリジナルスイーツだ。

県内産の抹茶を練り込んだスポンジが包み込むのは、滑らかな食感のきな粉ムース。抹茶のほのかな香りときな粉の意外な組み合わせは、大村謙社長が追い求めた「どこにもない味」だった。ムースの中の小豆は北海道産の大納言を使うなど、上質の素材を選んでいる。

おおむらロールには、きな粉ムースのほか和三盆を使用した生クリーム、秋限定のほうじ茶ムースもある。どれも甘さを抑えた癖のない味わいが人気で、評判はネットや口コミで広がり、現在は北海道や九州からも注文が寄せられているという。値段は1本1620円。大村社長は「高級な味を求める人の生活空間を、より豊かで楽しくしたい」と話す。

- 掛川市掛川85 ● TEL.0537-24-5229
- 定休日/第2土・日曜、祝日

シングル290〜470円、ダブル440〜650円

ジェラート

アリア

新鮮な地場産果物をたっぷり使用

「遠州の小京都」と称される森町中心街。十数軒の古い商店が軒を連ねる新町商店街の一角に、洋風のおしゃれなジェラートショップ「アリア」がある。

元ケーキ職人の高柳悦子さんが、嫁ぎ先の米穀店の経営多角化戦略の一環で、1995年にオープンさせた。

カップ売りとコーン売りで、常時30〜40種類をそろえ、季節限定品を加えれば年間60〜70種類を販売する。アイスケーキも取り扱い、クリスマスシーズンには新作のアイデアケーキを考案し、人気を集めている。「いい素材にこだわり、飽きがこない味、もう一度食べたくなるおいしさを追求したい」と高柳さん。

季節感を大切にし、マスクメロンやスイカ、甘夏など地元の生産者から旬の果物を仕入れ、常に鮮度の高いジェラートを提供する。評判は口コミで広がり、各種専門誌に取り上げられたことも。休日には県内各地から客が訪れる。

- 周智郡森町森 214
- TEL.0538-85-2354
- 定休日／なし

1個135円。進物用にも愛用されている

梅衣

栄正堂

明治時代から引き継ぐ味守る

主要地方道袋井春野線の森川橋を渡ると、森町中心部入り口の下宿地区に、創業百年を超える和菓子店「栄正堂」がある。森町銘菓として知られる「梅衣《うめごろも》」の伝統を受け継ぐ店だ。

梅衣はこしあんを求肥もちで包み、砂糖で煮たシソの葉で巻いた上品な和菓子。あんの甘みとシソの酸味、ほのかな塩味が見事に融合し、森町のお茶によく合う。明治時代の初期、町内で菓子店を営んでいた加藤家のむめ夫人が考案したとされ、むめ夫人の直弟子だった足立甚平氏が栄正堂を開き、その味を引き継いだ。甚平氏の息子で2代目だった足立達明さんが父から厳しく教えられた秘伝の味を、今は妻・和子さんが店主となって引き継ぎ、守り続けている。

もち粉やあんは厳選した材料を使い、すべて手作業で一つ一つ丹念に作り上げる。和子さんは「常にお客様に満足していただけるよう、これからも伝統の味を大切に守りたい」と話す。

- 周智郡森町森 584-1
- TEL.0538-85-2517
- 定休日 / 水曜

原料となる豚選びからこだわっているベーコン

ベーコン

入鹿ハム

安心・安全に配慮した製法を守る

森町一宮の県道40号線沿いにある袋井署一宮駐在所の裏手。ひっそりとたたずむ店「入鹿ハム」には、静岡市や浜松市からも買い求めるファンが多い。

店主の武藤卯左美さんが昔ながらの製法にこだわったベーコン（豚バラ肉、100g291円）は、生で食べてもおいしいと評判。あっさり味が特徴の岐阜県産の豚を使用し、塩と砂糖、科学的に安全性が保証された発色剤のみで加工する。食の安全に気を使う、幼い子どものいる家庭から注文が多いという。

この地に創業して25年。妻と2人で切り盛りする店は、2年前にテレビ番組のロケ地に使われ、問い合わせが相次いだ。ポークジャーキー（1パック約500円）は「多くのお客さんが買えるように」購入は1人2点までと配慮する。

ラインナップはほかにハム、ソーセージ、燻製など。肉の種類や部位によって価格は異なるが、1パックあたりハム700円前後、ソーセージ400円程度。

- 周智郡森町一宮 1221-2
- TEL.0538-84-2645
- 定休日／水・木曜

板状と玉型の2種類。各821円

一宮様献上こんにゃく

久米吉

芋の風味閉じ込め 粘りと弾力

小国神社へと続く街道「明神通り」沿いに、県内でも珍しいこんにゃく専門店「久米吉」がある。売れ筋は「一宮様献上こんにゃく」。参拝客に根強い人気がある商品だ。

在来種のこんにゃく芋「和玉」を１００％使用し、製法は伝統の低温熟成。75度以下でじっくり蒸し上げて芋の風味を閉じ込め、粘りと弾力のあるこんにゃくに仕上げた。同神社で毎月１日に営まれる「月次《つきなみ》祭」に献上していることが名前の由来だ。「こんにゃくは何を食べても同じ、という声が一番悔しかった」と倉島正三社長。安価な商品の流通量が拡大し、大口取引先が相次いで閉店するなど数々の危機に直面してきたが、愚直に伝統を守り抜いた。「神様に助けてもらった」との思いから、倉島社長は今も出勤前の参拝を欠かさない。献上こんにゃくには神社への感謝と参拝客の安寧を願う思いが込められている。味付けは田楽みそ（５１４円）がお薦め。

- 周智郡森町一宮 3843-7 ● TEL.0538-89-0015
- 定休日 / 火曜

1個120円。やさしい味わい

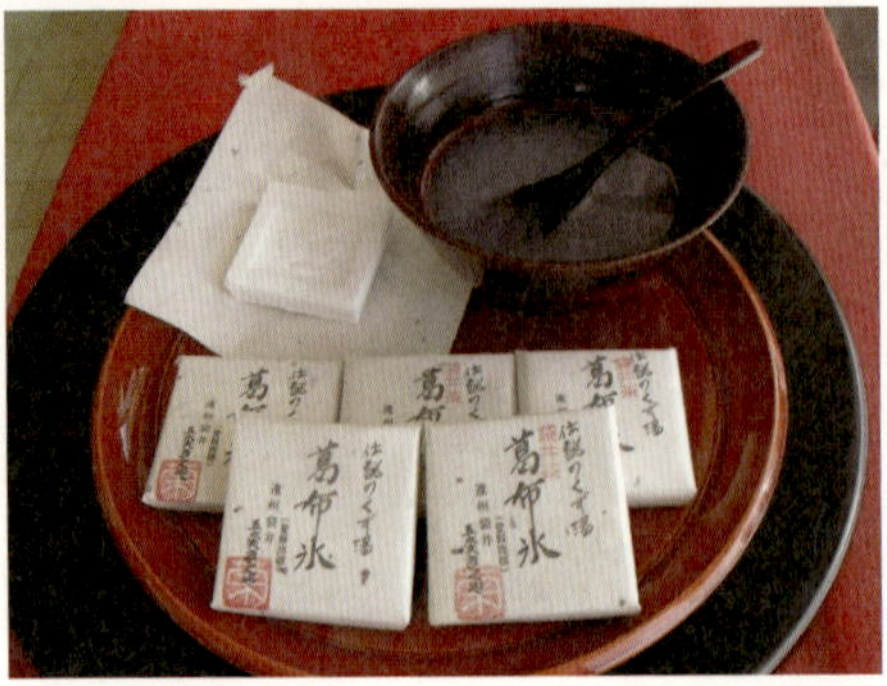

くず湯・葛布氷

五太夫きくや

甘さ控えめで
胃腸に優しいとろみ

ＪＲ袋井駅北口正面にある和菓子店「五太夫きくや」。創始天正12（1584）年と言われる老舗が、市の特産品開発事業費補助金を活用して開発したのが「くず湯・葛布《かっぷ》氷」だ。

森町北部にある「葛布の滝」では、明治時代まで製氷池があり、冬に製造した氷を主に袋井方面で販売していたという。この故事にちなんだ「くず湯・葛布氷」は、葛の根を精製した粉と砂糖、みつを混ぜ合わせ、型に詰めて乾燥させた。真っ白な葛粉の塊を「氷」に見立てた。

お椀に熱湯を8分目まで（約150cc）注ぎ、かき混ぜれば出来上がり。とろりとした食感と砂糖の甘さが絶妙で、滋養、消化にも優れる。風邪や胃腸の調子が悪い時に効果があるという。お年寄りや健康志向の女性にも根強い人気だ。14代目店主の鈴木利夫さんは「まちおこしの一環で、地元の歴史を感じさせる商品を作りたかった。袋井の特産品になれば」と話す。

- 袋井市高尾町 25-7
- TEL.0538-43-4178
- 定休日 / 木曜

1個190円。数時間ほどで完売することも

たまごふわふわ

ラウンドテーブル

地元発B級グルメを洋菓子で表現

袋井市の玄関口、袋井駅前商店街。市中央子育て支援センター南交差点を西に入った一角に、洋菓子店「ラウンドテーブル」がある。東京の帝国ホテルで洋菓子シェフをしていた工藤好昭さんが1988年に開店、一流ホテルで鍛えた腕を生かし、マドレーヌやロールケーキ、焼菓子など約30品を販売する。

マドレーヌ専門店として名高いこの店だが、2010年4月に発売した地元らしいネーミングの菓子「たまごふわふわ」も人気が高い。袋井のB級グルメ「たまごふわふわ」から連想して考案したもので、市内の商業者仲間から「たまごふわふわの関連商品を作ってみないか」と誘われ、試行錯誤の末に完成させた。

しっとりやわらかいスポンジ生地でミルク風味の生クリームを挟んだ食べ心地がくせになる。口に含むと卵の風味がふわっと口いっぱいに広がり、「甘さを抑えたクリームに調和する」と、ファンが多い。1日50個程度の限定販売。

- 袋井市高尾町 3-27 ● TEL.0538-42-0117
- 定休日／火曜（祝日の場合は営業、翌日休み）、第３月・火曜

春らしい淡いピンク色が食欲を誘う

桜だんご

法多山尊永寺

桜の花の塩漬け使い 春らしさ演出

袋井市豊沢にある法多山尊永寺の名物といえば「厄よけだんご」。3月下旬から4月初旬までの期間限定販売で店頭に並ぶ「桜だんご」(1箱6カサ入り600円)は、春ならではの逸品として人気を集めている。

桜の花の塩漬けと食紅を使って出したピンク色が、心地よい季節の到来を感じさせる。これに従来の厄よけだんご同様、たっぷりのあんこを盛る。

販売する法多山名物だんご企業組合が「季節に合った新名物を」と企画。老若男女の参拝客に試食アンケートを実施し、甘すぎない味覚へと改良を重ねた。

期間中、平日で200~300箱、土日ともなると約1500箱のペースで販売するという。定番の「厄よけだんご」と、月に1度ある縁日に合わせて提供する「お茶だんご」も相変わらずの人気ぶりで、粉末緑茶を練り込んだ爽やかな風味のだんごを目当てに訪れる人も少なくない。

● 袋井市豊沢 2777 ● TEL.0538-42-4784
● 定休日 / 不定休

シャキシャキした歯応えが人気。130g390円

メロンしょうゆ漬

菜乃屋

爽やか風味と歯応え
くせになる味

磐田市寺谷、天竜川と平行して北へと延びる県道沿いに、漬物加工工場に併設された店舗「菜乃屋」の看板が見えてくる。菜乃屋は共栄商会の自社生産ブランド名で、素材にこだわった商品約20種類を展開する。なかでも「メロンしょうゆ漬」は主力商品のわさび漬と並ぶ定番商品として人気を集めてきた。

昭和30年代初め、ＪＲ浜松駅などで販売するために、地域の特色を生かした土産物の開発に取り組み、特産品のメロン栽培で摘果される小メロンの活用を模索したのがきっかけ。当時はかす漬として商品化されたが、消費者の好みに合わせて、醤油漬が登場した。小メロンの爽やかな風味と歯応えが食欲をそそる。ご飯に添えても酒のおつまみとしても喜ばれ、漬物が苦手な若い世代からの人気も高いという。同社の金原擴社長は「年間を通してメロンを安定的に確保できるため、新鮮な商品を提供できる」と強みを説明する。

- 磐田市寺谷 453-1
- TEL.0120-388-690
- 定休日／水曜

風味豊かな皮と程よい甘さのあんが人気の理由。1個100円

みそまんじゅう

玉華堂

もっちりした皮が特徴
甘さも控えめ

飲食店などが多く立ち並ぶ磐田市の今之浦中央通りに、明治23年創業、菓子の老舗「玉華堂」本店がある。数ある和菓子の中で一番人気は「みそまんじゅう」だ。

16年前、和菓子職人の竹田務顧問が試行錯誤の末に編み出した。水分をたっぷり含んだ皮のもちっとした食感が最大の特徴。「従来の蒸しまんじゅうとは一線を画する」と鈴木孝政本店店長。味噌と黒糖を使用した皮の中に、北海道十勝産の小豆を使用した甘さ控えめのあん。改良を重ね、常に最高の味を追求する。

みそまんじゅうのファン層は、子どもからお年寄りまで幅広いという。第24回全国菓子大博覧会全菓博栄誉大賞を受賞しているほか、磐田市が認定する「いわたブランド」の商品でもある。

店内にはほかにも、和菓子の製法を生かした洋菓子「和栗モンブラン」や「極ぷりん」など全国区でのヒット商品が所狭しと並んでいる。

- 磐田市今之浦 4 丁目 18-10
- TEL.0538-36-0102（磐田今之浦本店）
- 定休日 / なし

1個110円。厚さ3cm以上でボリューム満点

天狗印の大判焼き

フルーツ桃屋

冷めてもやわらかく ボリューム満点

磐田市白羽の国道150号沿いに、昔ながらの果物店「フルーツ桃屋」がある。創業は130年以上前で、地域とのつながりを大切に地元特産のマスクメロンなどを販売している。

冬季限定(10〜4月)で大判焼きを始めたのは2005年。「夏に比べ客足が鈍くなる冬場に、〝副業〟ができないかと考えた」と5代目店主の松島正博さん。新鮮な果物を取り扱うのと同様、大判焼きの材料にもこだわる。

生地に使うのは、同じ竜洋地区にある養鶏場の「健卵」。黄身がしっかりとした卵を使うことで、「外はサクッ、中はしっとりとした食感で、冷めても硬くならない大判焼きになる」そうだ。

焼き印は、地元の白羽神社祭典になじみの深い天狗。祭り好きの地元住民からは「お土産にもいい」と好評だ。味はあん、クリーム、チョコの3種類。焼き上がりに約20分かかるので、事前に電話注文しておくのがお薦めだ。

- 磐田市白羽 327-1
- TEL.0538-66-2057
- 定休日 / 日曜

地元特産のエビイモ
黒糖でしっとり

「とよおか採れたて元気むら」（下神増）でも販売

磐田の味をそのままに

大坂屋

天竜浜名湖線上野部駅から東に200mほど進むと菓子店「大坂屋」がある。ショーケースには和菓子と洋菓子がずらり。季節に合わせたケーキやまんじゅう、最中が人気を集める。

和菓子一筋の祖父と父を継いで3代目となった鈴木恵里香さんが作るのが、「磐田の味をそのままに」。地元・豊岡地区で採れるエビイモと黒糖「豊糖」をふんだんに使用し、名前の通り磐田の味覚をまるごと味わえる焼き菓子だ。

エビイモは大きめに切って蜜煮にしたことで、焼き上げても水分が飛ばず、さっくり、しっとりとした食感が楽しめる。豊糖とアクセントの小豆と共に、和菓子のような上品な甘さが口いっぱいに広がる。

昨年の「いわたスイーツコンテスト」で最優秀賞に選ばれた一品。鈴木さんは「磐田市内でも地元の特産品を知らない人が多い。菓子を通じて食材豊富な地であると伝えたい」と話す。1個950円。

- 磐田市上野部 563-13
- TEL.0539-62-2338
- 定休日／月曜

給食にも登場する「青ねり」1個80円

青ねり

月花園

緑鮮やか 春野ならではの味

天竜区春野町の市立犬居小界わい。趣のある割烹旅館の前を通り、大正15年完成の若身橋を渡ると、ほぼ正面に和菓子の「月花園」が姿を見せる。

客の多くが買い求めるのが春野ならではの銘菓「青ねり」。3代目の瀬戸統祥さんによると、春野の和菓子職人たちが昭和の初期に、「名産に」と考案した。小麦粉と砂糖が主な原料の皮で白あんを包んで蒸す。春野の山や川、茶畑を連想させるつるつるした緑色の皮が何より目を引く。安全な顔料で着色しているという。

「先代から味は変わらないよ」と、瀬戸さんの父親で2代目の只一郎さん。甘さ控えめなのが月花園の特徴だ。蒸し加減に心を配り、とろける食感を目指す。抹茶粉末を混ぜた「お茶入り青ねり」、あんに岩塩を据えた「塩青ねり」も商品化。統祥さんは「徐々にバリエーションを増やしたい」と意欲的だ。最新作は地元産キウイを入れた「キウイ青ねり」。各種1個80~100円。

- 浜松市天竜区春野町堀之内973-4 ● TEL.053-985-0014
- 定休日/なし

1本1350円。厳選した素材で手作りする

栗むし羊羹

むらせや

遠州産栗にこだわり豊かな風味

古い蔵や旅館が立ち並び、今も宿場町の香りが残る天竜区二俣町の商店街。老舗菓子店「むらせや」が昭和初期から作り続けてきた「栗むし羊羹」は、販売が始まる9月に入ると、北海道から沖縄まで全国から注文が殺到する。

味が強すぎず、それでいて豊かな香りを含んだ遠州産の栗しか使用しない。鬼皮のまま煮て、一つずつ丁寧に皮をむき、みつ漬けにする。すべて手作業で独特の風味を閉じ込め、こしあんも、北海道産の最高級ブランド小豆を使っている。

12月初旬までの1シーズンで、1万5千本以上を販売する。お年寄りだけでなく若い世代からも人気が高く、1日に150件も全国各地に発送した日もあるという。

4代目の村瀬均社長は「他店に比べれば少し高いかもしれないが、手作業であることを理解してもらっている。手を抜かず、一生懸命に作っていきたい」と語る。

- 浜松市天竜区二俣町二俣 340-1
- TEL.053-925-2348
- 定休日 / 不定休

市内スーパーでは2枚入り183円で販売

油揚げ

ヤマチョウとうふ

2度揚げでふっくら
分厚さが特徴

天竜区二俣町のクローバー通り商店街からほど近い住宅街の一角に、「ヤマチョウとうふ」がある。機械化はせず、戦前からの製法にこだわる油揚げが人気を集め、関東地区にも根強いファンを抱える。

この油揚げの特徴は、その分厚さ。一見、中身が詰まった厚揚げのようにも見える。温度の違う油で1枚ずつひっくり返しながら2度揚げし、大豆のたねを約4cmの厚さまで膨らませる。

3代目の長尾吉正さんは「大豆のたねを固める時の温度や、揚げる時の油の温度に最も気を使う。初めての人では、ふっくらと膨らませることは難しいでしょう」と職人技を披露する。

オーブンで表面をカリッと焼き、ショウガ醤油や大根おろしにつけて食べるのがお薦め。納豆やツナ缶を中に詰める常連客も。酒のつまみから子どものおやつまで、工夫していろいろな食べ方ができるのが人気の理由だ。市内の一部のスーパーやデパートなどでも販売。稲荷ずし用の小さめの油揚げもある。

- 浜松市天竜区二俣町二俣 965
- TEL.053-925-2320
- 定休日 / 日曜

1個130円。抹茶あんには天竜茶を使用

天竜二俣城もなか

光月堂

北海道産の小豆と天竜茶を使用

天竜区二俣町のクローバー通り商店街西側の路地を入ると、創業80年の和洋菓子店「光月堂」がある。近くには、徳川家康や武田信玄・勝頼らが激しい争奪戦を繰り広げた二俣城の城跡が残っている地だ。

この地域の観光スポットを和菓子にしたのが「天竜二俣城もなか」。40年ほど前、「天竜の銘菓を作ろう」と地元の和菓子店が足並みをそろえ、一斉に販売をスタートした。各店によって味やデザインが違うため、食べ比べを楽しむ人もいる。

光月堂の二俣城もなかは、小倉あんと抹茶あんの2種類。北海道産の小豆や天竜茶を使用し、しっかりとした甘さがある手作りあんを、城の形をした皮にぎっしりと詰めている。3代目店主の松島伸典さんは「小豆の良さを引き立てる、昔からの味を変えないようにしている」と語り、販売当初の味を忠実に守っている。

- 浜松市天竜区二俣町二俣 1538-1-3
- TEL.053-925-3585
- 定休日／火曜

1本100円。早々に売り切れる日もある

炭焼きみたらし団子

福づち

香ばしさが引き立つ
シンプルなたれ

二俣城址のほど近くに店を構える和菓子店「福づち」。琥珀色に輝く「炭焼きみたらし団子」は、地元住民から愛され続ける一品だ。

たれは醤油と砂糖、みりんだけで作り出す。シンプルだからこそ、「ごまかしは利かない」と話すのは3代目の松井有樹さんだ。炭焼きの担当は母親の美枝子さん。団子を焦がし過ぎず堅くし過ぎず、七輪で丁寧に焼いていく。「炭焼きだと香ばしくなるから」と手間を惜しまない。

有樹さんが高校2年だった1994年、父親の励さんが50歳の若さで急逝した。有樹さんは高校卒業後、東京の和菓子店で修業しながら製菓学校へ通い、店を継いだのは弱冠20歳の時だった。団子は先代のころから人気商品。父親の教えを受け得なかった有樹さんだが、客は有樹さんの味を求めて買いに来る。「一番と言われるものをつくりたい」。10～20本以上ほしい場合は前日の予約が確実だ(その場合1割引きのサービスあり)。

- 浜松市天竜区二俣町二俣 1079
- TEL.053-925-4344
- 定休日 / 水曜（祝日の場合は営業）

1瓶410円前後（参考売価）

浜名湖のり

マツダ食品

糖分控え味あっさり 小瓶愛らしく

東区を南北に走る笠井街道から少し入った静かな住宅街。その一角に、地元の素材を無添加で食卓に届けることにこだわる「マツダ食品」の工場がある。手になじむ小瓶にのりの風味を閉じこめたつくだ煮「浜名湖のり」は、幅広い層に愛される品だ。

生の浜名湖産のりだけを使用。淡水と海水が混じり合う浜名湖は、のりの生育に適していて、販売促進課の山田卓哉さんは「葉が大きく広がったのりは舌触りが滑らかで、香りも強いんです」と自信を持って薦める。パック売りだった商品を瓶詰めタイプへと改良。加熱殺菌して瓶に密封することで、保存料や添加物を加えずに長期保存を実現した。

糖度が低く味はあっさり。ミネラルや食物繊維が豊富で健康志向の女性にファンが多い。「ご飯はもちろん、ソース感覚で野菜スティックや冷ややっこに付けてもおいしい」と山田さん。天竜区の椎茸や舞阪産のシラスを混ぜたタイプも好評だ。東名浜名湖サービスエリアなどで販売している。

- 浜松市東区笠井町 45
- TEL.053-433-1528
- 定休日 / 日曜・祝日

浜北らしいお土産として人気。1枚157円

次郎柿クッキー

ビアン正明堂

地元の特産・次郎柿の風味豊かに

浜北区の二俣街道を天竜方面へ走ると、「柿のお菓子でちょっぴり有名」の看板が目に止まる。北へ約４００ｍ、赤佐地区の和洋菓子の老舗「ビアン正明堂」では、地元浜北の特産品「次郎柿」を使った菓子が多彩にそろう。

平成元年に発売した「次郎柿クッキー」は、ロングセラー商品。家族でアイデアを出し合ったものだという。地元で収穫された次郎柿を、へたと種を手作業で取り除き、ミキサーで砕いてジャムに加工。生地に練り込んで柿の形に焼き上げ、へたの形をした焼き印を入れた。サブレのような歯触りと味わいだが、クッキー特有のパサパサした食感を抑え、まろやかな口溶けが子どもからお年寄りまで喜ばれている。３代目店主の鈴木美保子さんは「日持ちするクッキーなので、遠くの方への贈り物にも最適です」と話す。最近は完熟次郎柿の「生クリーム大福」（１個１３５～１５７円・冷凍販売）も好評で、32種類ある大福の中で一番の人気だそうだ。

- 浜松市浜北区於呂 2568-1
- TEL.053-588-7650
- 定休日／月曜・第３火曜

自社栽培の大豆で深い味と香り

200mlの瓶詰めで1本432円

蔵出し 一番搾り

明治屋醤油

浜北区の遠州鉄道小松駅から徒歩15分ほどの小松栄通りの路地に入ると、創業130年を超える「明治屋醤油」がある。創業時の蔵をそのまま残し、5代目の野末一宏さんがこだわりの醤油づくりに励む。

8種類ある商品の中で人気が高いのが、自社栽培の大豆と小麦で仕込む「蔵出し一番搾り」。深い味わいと熟成された香りが特徴の看板商品だ。

野末さんは「自分の目が届いていない大豆や小麦では納得がいかない」と、20年前から無農薬の自社栽培を始めた。大豆のうま味を最大限に引き出すため、もろみを約3年間じっくり寝かせてつくる。

原料の収穫量が限られるため、もろみの搾りは年2回に限定し、販売は6月と11月の2回でどちらも生産量は700ℓ。野末さんは「大豆と小麦の栽培を始めて20年。今年から収穫量を上げるために畑を増やします。大豆・小麦づくりも醤油づくりも、どこまでも丁寧に続けていきたい」と話す。

- 浜松市浜北区小松 2276
- TEL.053-586-2053
- 定休日 / 日曜・祝日

5枚入り600円。12枚入り1400円

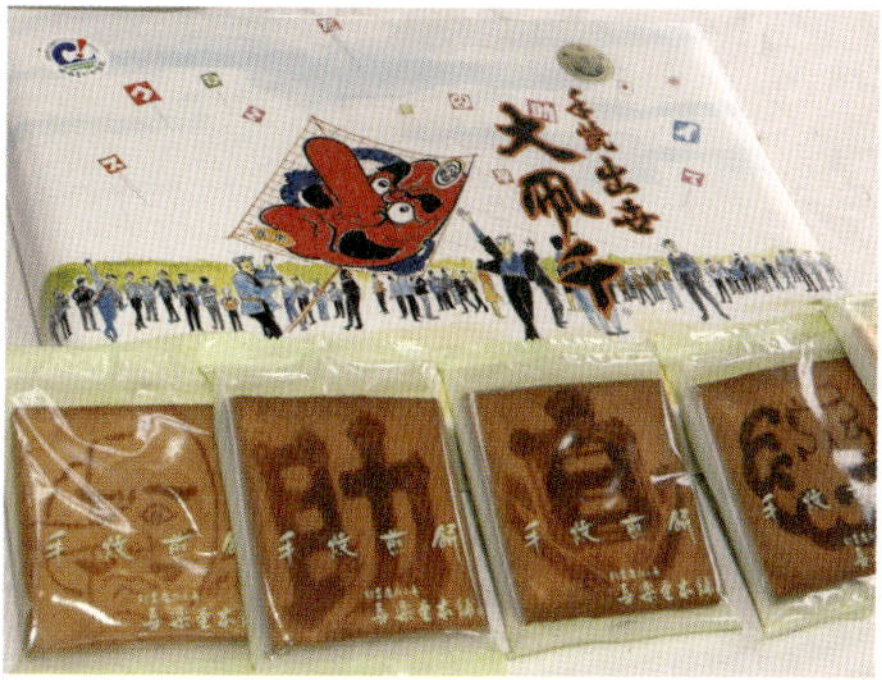

手焼出世大凧千

喜楽堂本舗

名前や図案を入れた特注も受付

中区助信町の喜楽堂本舗は慶応３（１８６７）年に創業した歴史ある煎餅店だ。「手焼出世大凧《おおだこ》千《せん》」は、4代目の永田謙一さんが昭和61年に考案したロングセラーだ。

全国に知られる「浜松まつり」の凧揚げ合戦にちなんだもので、９００分の1のサイズに、各町の凧印が焼かれている。サクッとした口当たりと甘くて香ばしい味が、子どもからお年寄りまで幅広く好評だ。手焼きにこだわる姿勢を崩さず、1日に焼くことができるのは最大１２００枚。5代目の雅大さんは「注文が集中する浜松まつりの前は焼いても焼いても追いつかない」と話す。

特注で子どもの名前やオリジナルの図案を入れた煎餅を焼いてもらうこともできる。「3月末までにデザイン原稿をいただければ、5月の浜松まつりに間に合います」と雅大さん。２０１３年の秋には浜松地域ブランド「やらまいか」にも認定されている。

- 浜松市中区助信町 20-33
- TEL.053-471-7758
- 定休日／日曜・祝日

1本1242円。全国にファンがいる

栗蒸し羊羹

巖邑堂

もちっとした食感で甘さ控えめ

浜松の中心街の一角で、和菓子の老舗「巖邑堂《がんゆうどう》」は明治初年の創業以来、昔ながらの味と技を守り続けている。

上品で美しい季節の上生菓子にも定評があるが、秋から冬にかけての季節限定商品「栗蒸し羊羹」は、全国的にもファンが多い。自家製あんを使った羊羹は甘さ控えめで食感はもちもち。掛川などで採れる地元産の栗を店の2階で一つ一つ丁寧にむいている。むいてすぐに加工することで、栗の豊かな風味が生きるそうだ。

5代目店主の内田弘守さんが始めたふんわりした生地の「どらやき」と、花の舞酒造（浜北市）の大吟醸酒の酒粕で風味づけした「花邑《かゆう》」も人気の定番商品。内田さんは「菓子は家族や恋人、誰か一人のために作ろうとするとおいしくできる。良い食材を使うのは当たり前。気持ちが大切」と話す。伝統を守ると同時に、新たな挑戦にも積極的だ。

- 浜松市中区伝馬町 62
- TEL.053-452-8686
- 定休日 / 水曜

ピロシキ1個250円。親子3代に渡る常連客も

ピロシキ

サモワァール

熱々をほおばりたい本場ロシアの味

市中心街の「モール街」を南に進むと、飲食店が並ぶ中に異人館風の建物が目に飛び込む。ロシア料理店「サモワァール」。創業時から変わらない〝本場の味〟を大切にしている名店だ。

食べるとサクッと揚がった熱々の衣の中から、うま味たっぷりの合挽き肉と玉ネギの優しい味が滲み出る。一番人気のピロシキは、隠し味にエビミンチを加えて味に上品さや滑らかさを出している。オーナーシェフの松木洋一さんは大学在学時から、渋谷のロシア料理店で修業。その後ロシアに渡って腕を磨き、1974年に地元で開業した。ロシアの古城をイメージした内装もこだわりだ。

1週間ほど煮込む「田舎風ボルシチ」(1人前600円)やクリーム煮がおいしい「つぼ焼きのこ」(1個700円)も持ち帰りができる。

今は息子の伸太郎さんが調理場を任されている。「大切なのは、この店の味を受け継ぐこと」。妥協を許さないプロ意識もしっかり引き継いでいる。

- 浜松市中区平田町58-1　● TEL.053-453-6507
- 定休日/火曜(祝日の場合は営業)

厚さが自慢。100g257円

遠州豚のスペアリブ

肉のとりたつ

豚肉の厚さが自慢
食べ応え十分

ＪＲ浜松駅から北東へ約２㎞。中区佐藤の幹線道路沿いにある専門店「肉のとりたつ」は夕刻になると、晩のおかずを買い求める主婦でにぎわう。創業した51年前から変わらぬ光景だ。

切り盛りするのは鳥居良彦さん、佐知子さん夫婦。良彦さんの父美弘さんが同区寺島町にあった専門店「とりたつ」（２０１０年閉店）での修業を経て開いた店を、良彦さんが6年前に継いだ。

2代目店主のイチ押しは遠州産豚肉を使った「スペアリブ」。「食べ応えでも満足してもらいたい」と厚い部分で5㎝もある肉厚さが自慢だ。

30分以上かけてオーブンでじっくり焼く。オリジナルのたれに24時間漬け込んだ肉は、程よい弾力。唐辛子や果実をブレンドしたまろやかな辛みと、脂本来の甘みが口いっぱいに広がる。10年ほど前に販売を始め、口コミで徐々に評判に。多い日は30～40本を売り上げ、「焼き豚」、「ローストビーフ」に次ぐ人気商品に成長した。

- 浜松市中区佐藤 3-12-22　● TEL.053-461-7021
- 定休日 / 日曜・祝日

1個167円。食べやすく見た目も涼やか

コラーゲンも入った爽やかなゼリー

すっぽんゼリー

近江屋製菓

浜松市の旧雄踏街道沿い。かつて商店が立ち並んだ界わいに大正5(1916)年創業の「近江屋製菓」がある。地元の食材にこだわり、「ここでしか作れない菓子」を作り続けている。

夏にお薦めなのが、ミネラルやアミノ酸、コラーゲンなど栄養豊富なスッポンエキスを使った「すっぽんゼリー」。エキスは舞阪町の養殖場から仕入れている。ショウガ汁、レモン果汁、焼酎を加え、すっきりとした甘さと爽やかな後味が人気の「和風味」と、焼酎の代わりにイタリア産赤ワインを使った「洋風味」の2種類。「のど越しが良く食べやすい。夏は冷やしてさっぱりと。冬は温めてドリンクとしても味わってみて」と4代目店主の高田修平さんは自信を持って紹介する。

店には県内外からの観光客も訪れて商品を買い求める。浜松の新名物サツマイモ「うなぎいも」を使った「すいーとぽてと」のほか、「すっぽんサブレー」、「みそまん」「プリン」も好評だ。

● 浜松市西区雄踏町宇布見7962 ● TEL.053-592-1308
● 定休日/水曜

1帖（10枚入り）380円前後

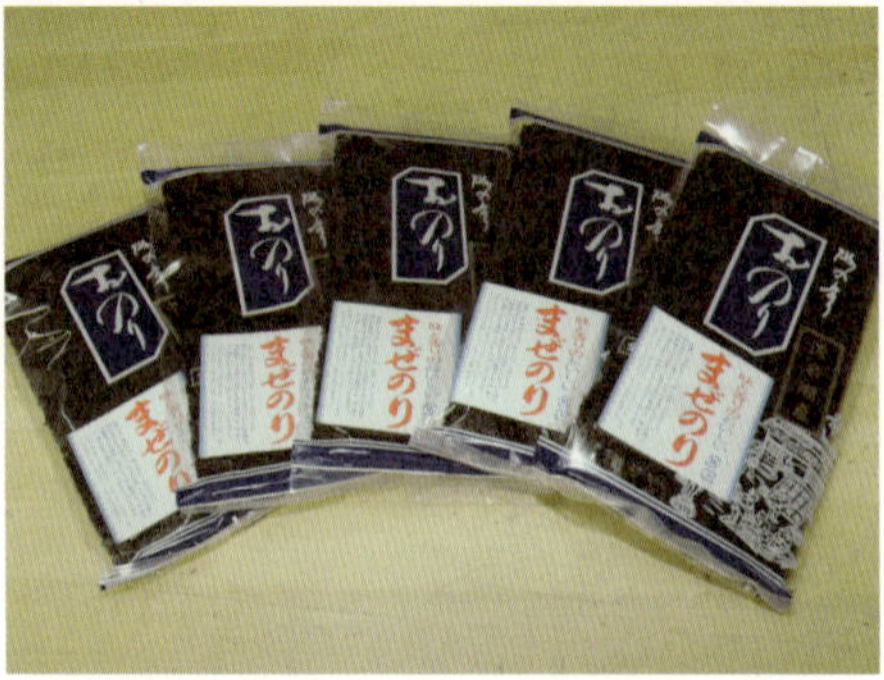

青まぜのり

新居マル正商店

強い磯の香りと風味が自慢

JR新居町駅から新居関所方向に向かい徒歩約3分。国道301号と旧国道1号の中道に、「新居マル正商店」がある。

「遠州灘特産のシラスに浜名湖特産の青まぜのり、焼きのりなど、厳選した純国産の品を取りそろえています」と店主の奥村堅彦さん。妻・文子さんの父、斉藤正さんが始めた創業60年を超える老舗。看板商品は三河湾の一色町産の黒のりと、浜名湖産青のりをブレンドした「青まぜのり」。特に新のりの時期を迎える12月に入ると、各地から多くの注文が寄せられるという。

「青まぜのり」は、磯の香りが強いのが特徴。焼きすぎると苦くなるので、遠火でのりが青みを帯びる程度に炙るのがこつ。奥村さんは「一度食べたお客様の中には、ずっと青まぜのりを〝ご指名〟で、他ののりに目もくれない人もいる」と話す。地元ではブチのりとも呼ばれ、親しまれている味。年末から年始にかけて、旬の季節は若干値が上がる。

- 湖西市新居町新居 3360-52 ● TEL.053-594-0229
- 定休日 / 水曜（第3週は水・木連休）

注文後に調理する「ミンチカツサンド」550円

ミンチカツサンド

やまぐち

肉のボリューム、キャベツの食感が特徴

愛知県豊橋市のJR船町駅から東に数分歩いた閑静な住宅街にお持ち帰りミンチカツの店「やまぐち」がある。しゃきしゃきしたキャベツの食感が特徴の「ミンチカツサンド」（550円）が人気だ。

カツは厚みがありジューシーで、味はケチャップとみそから選べる。みそ味は、マヨネーズとからしをピリッときかせた和風味で老若男女に愛されている。いずれもキャベツの食感を損なわないよう作り置きはしない。2001年に食堂として開店し、09年に持ち帰り専門店に変えた。食堂時代に人気だったカツをサンドイッチにしたところ、売れ筋商品になった。

店主の山口奈津子さんは「容器はサトウキビなどを原料にした自然素材。デザインもシンプルなので、手土産にもお薦め」と言う。一口サイズの「チキンカツ」（600円）や、ミンチカツサンドとチキンカツ、サラダをセットにした「ランチボックス」（880円）も好評だ。平日午後に休憩時間帯がある。

- 愛知県豊橋市北島町字北島 101
- TEL.0532-52-2843
- 定休日 / 日曜・祝日

1個378円。日向夏の爽やかな味が広がる

黄色いゼリー

若松園

文豪・井上靖が愛した思い出の味再現

江戸時代創業の菓子処「若松園」は、豊橋市中心部の旧東海道沿いに店を構える。看板商品の「黄色いゼリー」は、文豪・井上靖の自伝的小説「しろばんば」に店名とともに登場する。

「スプーンを入れるのが勿体ないように、洪作にはそれが美しく見えた。口に入れると溶けるように美味かった」とつづった井上。レシピを戦災で焼失し、幻の味となっていたが、井上の生誕百年に当たる2007年に復活した。井上靖文学館の強い要請が契機だった。

高級な日向夏の生果汁を使うゼリーは、爽やかで上品な味。文豪が「言葉でいくら説明しても、説明できるとは思われなかった」と言葉の限界を示した通り、複雑な風味が口の中に広がる。おかみの山田泉さんは「先生(井上靖)の名が大き過ぎてハードルが高かった。さまざまな出会いなど、再現には奇跡的な縁があった」と回想する。ほかに豊橋銘菓「ゆたかおこし」(1本648円)も人気だ。

- 愛知県豊橋市札木町 87
- TEL.0532-52-4641
- 定休日 / 水曜

創業時から人気の味。1本95円

みたらし団子

大正軒

厳選した米粉を使い食感もちもち

豊橋市内を走る路面電車の札木駅近くに、老舗の和菓子店「大正軒」がある。創業は1876（明治9）年。5代目の若杉彰さんが伝統の味をかたくなに守っている。餅菓子が中心で、創業当時からのロングセラーは「みたらし団子」だ。

厳選した米粉を使ったもちもちの食感が特徴で、かむと米の風味が口の中に広がる。自慢のたれは、地元の味噌・醤油醸造所に相談を持ちかけて開発した。焼き色を付けてたれを絡ませる工程を、2回繰り返す。

注文を受けてから焼くため、待ち時間に一連の流れを観察できるのも楽しい。ガラス越しに店の外からもよく見える。「子どもたちの和菓子離れが進んだでしょう。興味を持ってもらいたかった」と若杉さん。休日にはガラスの向こうに大勢の子どもたちが集まるという。珍しい三角形の「ういろう」（110円）も好評だ。店内の喫茶スペースでは、こだわりの「ぜんざい」（580円）も味わえる。

- 愛知県豊橋市新本町10（本店）
- TEL.0532-52-7695
- 定休日／水曜

50音別索引

ま

や

ら

わ

しずおか あの町この街 いっぴん手帖

2014年6月10日　初版発行

＊編　著　　静岡新聞社
＊発行者　　大石　剛
＊発行所　　静岡新聞社
〒422-8033　静岡市駿河区登呂3-1-1
TEL 054-284-1666

＊印刷・製本　図書印刷株式会社

ISBN978-4-7838-1953-0 C0076